高职高专“十一五”规划教材

仪器分析

——色谱分析技术

王炳强　主　编
王英健　副主编
吕宪禹　主　审

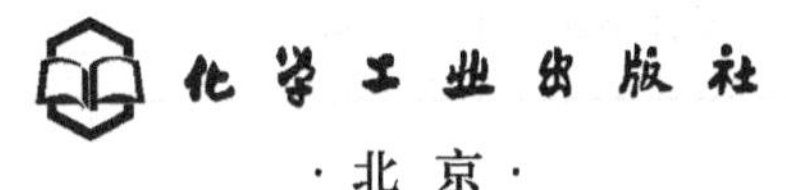

·北京·

本书是高职高专“十一五”化工技术类工业分析与检验专业规划教材。本书的编写主要是适应高职教育对教材需求，删繁就简，力求有一个通用的、简明的教材适合大部分高职院校选用。

《仪器分析》教材为方便教学，分为两个单独体系，即《光谱和电化学分析技术》和《色谱分析技术》，各院校可根据实际情况进行选用。

《色谱分析技术》内容分为：色谱分析法导论、气相色谱法、高效液相色谱法、质谱分析法四章。各章后都有实训项目，实训着重点放在基本操作技能要求，拓展知识可参阅其他专著和教材。

本书可作为高职高专化工技术类专业或其他相近专业“仪器分析”或“仪器分析检测技术”课程的教材；也可作为化学检验、药物分析检验的高级及中级分析人员培训用书；还可作为从事分析检验的高级及中级分析技术人员参考用书。

图书在版编目（CIP）数据

仪器分析——色谱分析技术/王炳强主编．—北京：化学工业出版社，2010.12（2025.2重印）
高职高专“十一五”规划教材
ISBN 978-7-122-09873-3

Ⅰ．仪…　Ⅱ．王…　Ⅲ．①仪器分析-高等学校：技术学院-教材②色谱法-化学分析-高等学校：技术学院-教材　Ⅳ．O657

中国版本图书馆CIP数据核字（2010）第216837号

责任编辑：陈有华　　文字编辑：颜克俭
责任校对：郑　捷　　装帧设计：于　兵

出版发行：化学工业出版社（北京市东城区青年湖南街13号　邮政编码100011）
印　　装：北京虎彩文化传播有限公司
787mm×1092mm　1/16　印张7½　字数174千字　　2025年2月北京第1版第8次印刷

购书咨询：010-64518888　　售后服务：010-64518899
网　　址：http://www.cip.com.cn
凡购买本书，如有缺损质量问题，本社销售中心负责调换。

定　　价：28.00元

前 言

“仪器分析”是化学技术类专业（包括：化学、应用化学、工业分析与检验、高分子材料与工程、材料化学）教学计划中的一门专业课程。通过本课程的学习，应使学生基本掌握仪器分析的各类方法，其内容涵盖光、电、色、质及某些新技术的应用。要求学生对这些方法的基本原理、仪器设备及其基本结构、方法特点及应用能较深入地理解和掌握，初步具备根据分析对象选择合适的分析方法及理解相应问题的能力；并学习数据处理的各种方法，具有初步的处理数据的能力。

本教材是根据8所高职院校共同制定并通过的仪器分析教学基本要求而编写的，以解决目前高职教材内容偏难、偏多而不利教学的问题；旨在体现高职院校仪器分析教材“够用为度”、“理论适当，重在技能训练”。

本书在编写过程中力求突出以下特色。

1. 努力使本教材适应我国高职高专院校培养目标的要求。因此，在教学内容安排上既重视仪器分析基本理论、基本知识方面的讲授，又重视对学生基本操作技能的培养训练。以使学生既具有较为系统的仪器分析理论知识，又具有较强的职业实践操作能力，使学生在走上相关工作岗位之后，能够尽快适应岗位的要求，满足社会对高级技术应用型人才的需求。

2. 突出教材内容的先进性和实用性。根据目前仪器分析岗位对高职学生的基本要求而编写的，并适当反映国内外最新的仪器分析技术，以满足学生在后续的课程中能够对所从事的工作前沿有一个初步了解，开阔学生的眼界。

3. 本教材方便于学生自学以及学有余力的学生在仪器分析课程上的进一步提高。每章之后都有小结，便于学生自己总结。同时每章都附有一定数量的思考题与习题，可供学生练习使用。

4. 注重教材体系和结构安排尽量符合教学规律，以利于教师组织教学。

《仪器分析》教材为方便教学，分为两个单独体系，即《光谱与电化学分析技术》和《色谱分析技术》，各院校可根据自身的实际情况选用教材。

本书内容包括：色谱分析法导论、气相色谱法、高效液相色谱法、质谱分析法四章。每章后都有实训项目，实训着重点放在基本操作技能要求，拓展知识可参阅其他专著和教材。

本书由天津渤海职业技术学院王炳强任主编，辽宁石化职业技术学院王英健任副主编。王英健编写第一、三章；河北化工医药职业技术学院高洪潮编写第二章；王炳强编写第四章，并对全书进行了统稿。

南开大学生命科学学院博士生导师吕宪禹教授审阅全书并提出了很多宝贵意见，天津科技大学分析中心杨志岩教授、天津医科大学公共卫生学院任大林教授、天津理化分析中心王皎瑜教授、天津大学分析测试中心孙景教授等专家对本书编写也提出了很多修改建议，编者在此表示诚挚的感谢。

教材在编写过程中参考了有关专著、教材、论文等资料，在此向有关专家、作者致以衷心的感谢。

由于时间和水平所限，书中不当之处在所难免，欢迎广大读者提出宝贵意见。

编　者

2010 年 10 月

目　录

第一章　色谱分析法导论

色谱分析法具有高效、快速分离等特性，是现代分离、分析的一个重要方法，特别是由于气相色谱法和高效液相色谱法的发展与完善，以及离子色谱、超临界流体色谱等新方法的不断涌现，各种与色谱有关的联用技术如色谱-质谱联用、色谱-红外光谱联用的使用，使色谱分析法成为生产和科研中解决各种复杂混合物分离、分析任务的重要工具之一。

第一节　色谱法及其分类

一、色谱法

1. 色谱分析法

色谱分析法是由俄国植物学家茨维特（Tswett）首先认识到色谱分析在分离分析方面的重要价值的，并由他最先建立了色谱分析法。他使用竖直装填有细颗粒碳酸钙的玻璃管作为分离柱，上部用石油醚不断淋洗，分离了植物提取液中的叶绿素。由于分离时，在柱中出现了不同的色层即不同颜色的谱带，故有“色谱法”之名。后来色谱分析法不断发展，不仅可用于分离有色物质，而且大量用于分离无色物质，但仍沿用了色谱分析法这一名词。随着色谱理论的建立，色谱分析法进入快速发展期，先后建立了气相色谱、液相色谱、离子色谱及超临界流体色谱等一系列现代色谱分析法。20 世纪 80 年代末，又出现了具有更高分离效能的毛细管电泳，构成了现代仪器分析的重要组成部分。

色谱分离过程一般是当试样由流动相携带进入分离柱并与固定相接触时，被固定相溶解或吸附。随着流动相的不断通入，被溶解或吸附的组分又从固定相中挥发或脱附，向前移时又再次被固定相溶解或吸附，随着流动相的流动，溶解、挥发或吸附、脱附的过程反复地进行，由于试样中各组分在两相中分配比例的不同，被固定相溶解或吸附的组分越多，向前移动得越慢，从而实现了色谱分离。色谱分离过程如图 1-1 所示，将分离柱中的连续过程分割成多个单元过程，每个单元上进行一次两相分配。流动相每移动一次，组分即在两相间重新快速分配并平衡，最后流出时，各组分形成浓度正态分布的色谱峰。不参加分配的组分最先流出。

两相的相对运动及单次分离的反复进行构成了各种色谱分析过程的基础。

2. 色谱分析法的特点

在色谱分析法中，将装填在玻璃或金属管内固定不动的物质称为固定相，在管内自上而下连续流动的液体或气体称为流动相，装填有固定相的玻璃管或金属管称为色谱柱。各种色谱分析法所使用的仪器种类较多，相互间差别较大，但均由以下几部分组成，如图 1-2 所示。

与其他类型的分析方法相比，色谱分析法具有以下显著特点。

① 分离效率高。可分离分析复杂混合物如有机同系物、异构体、手性异构体等。

② 灵敏度高。可以检测出 μg/g（10^{-6}）级甚至 ng/g（10^{-9}）级的物质量。

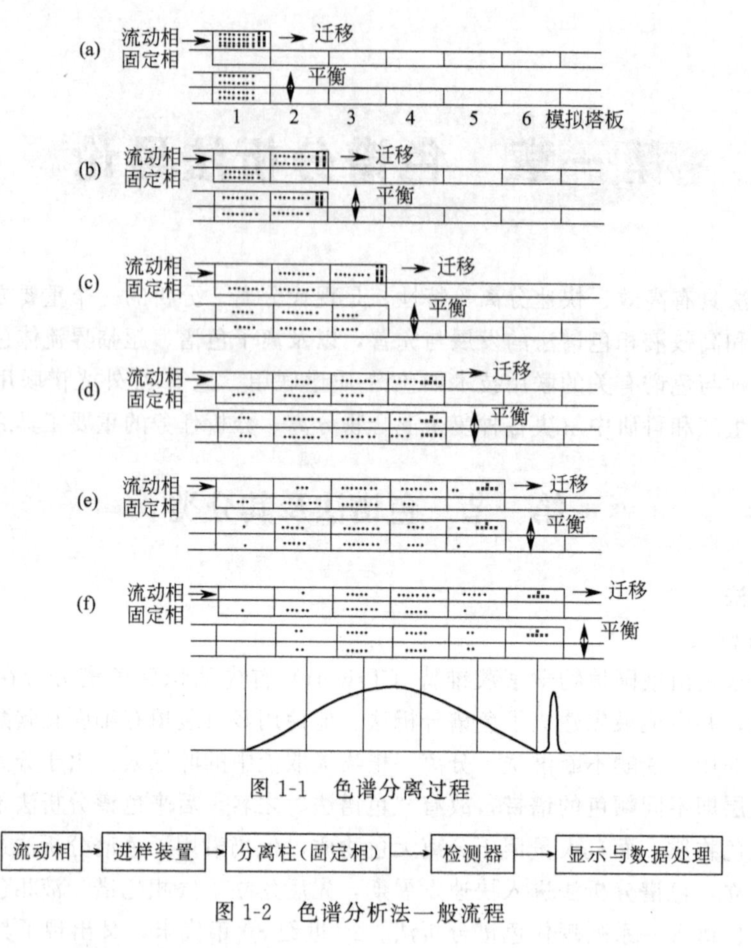

图 1-1　色谱分离过程

流动相 → 进样装置 → 分离柱(固定相) → 检测器 → 显示与数据处理

图 1-2　色谱分析法一般流程

③ 分析速度快。一般在几分钟或几十分钟内可以完成对一个试样的分析。

④ 应用范围广。气相色谱适用于沸点低于400℃的各种有机化合物或无机气体的分离分析。液相色谱适用于高沸点、热不稳定及生物试样的分离分析。离子色谱适用于无机离子及有机酸碱的分离分析。两者具有很好的互补性。

色谱分析法的不足之处是对被分离组分的定性较为困难。随着色谱与其他分析仪器联用技术的发展，这一问题已经得到较好解决。

色谱法在石油、化工、环境科学、医药卫生、有机合成等领域具有广泛的应用。

二、分类

1. 按两相物理状态分类

（1）根据流动相状态

流动相是气体的，称为气相色谱法；流动相是液体的，称为液相色谱；若流动相是超临界流体（流动相处于其临界温度和临界压力以上，具有气体和液体的双重性质），则称为超临界流体色谱分析法。至今研究较多的是 CO_2 超临界流体色谱。

（2）根据固定相状态

固定相是活性固体（吸附剂）还是不挥发液体或在操作温度下呈液体（此液体称为固定液，它预先固定在一种载体上），气相色谱分析法又可分为气固色谱分析法和气液色谱分析法；同理，液相色谱法可分为液固色谱分析法和液液色谱分析法，见表 1-1。

表 1-1　按两相物理状态分类

流动相	总　称	固定相	色谱名称
气体	气相色谱(GC)	固体	气-固色谱(GSC)
		液体	气-液色谱(GLC)
液体	液相色谱(LC)	固体	液-固色谱(LSC)
		液体	液-液色谱(LLC)

2. 按固定相的存在形式分类

按固定相不同的存在形式，色谱分析法可以分为柱色谱、纸色谱和薄层色谱，见表 1-2。

表 1-2　按固定相的存在形式分类

固定相类型		固定相性质	操作方式	色谱名称
柱	填充柱	在玻璃或不锈钢柱管内填充固体吸附剂或涂渍在载体上的固定液	液体或气体流动相从柱头向柱尾连续不断地冲洗	柱色谱
	开口管柱	在弹性石英玻璃或玻璃毛细管内壁附有吸附剂薄层或涂渍固定液		
纸		具有强渗透能力的滤纸或纤维素薄膜	液体流动相从滤纸一端向另一端扩散	纸色谱
薄层板		在玻璃板上涂有硅胶 G 薄层	液体流动相从薄层一端向另一端扩散	薄层色谱

(1) 柱色谱

一类是将固定相装入玻璃或金属管内，称为填充柱色谱；另一类是将固定液直接涂渍在毛细管内壁或采用交联引发剂，在高温处理下将固定液交联到毛细管内壁，称为毛细管色谱。

(2) 纸色谱 (PC)

纸色谱以多孔滤纸为载体，以吸附在滤纸上的水为固定相。各组分在纸上经展开而分离。

(3) 薄层色谱 (TLC)

薄层色谱以涂渍在玻璃板或塑料板上的吸附剂薄层为固定相，然后按照与纸色谱类似的方法操作。

3. 按分离过程物理化学原理分类

色谱分析法中，固定相的性质对分离起着决定性的作用。按分离过程物理化学原理分类，见表 1-3。

表 1-3　按分离过程物理化学原理、固定相的材料分类

色谱类型	原　理	平衡常数	流动相为液体	流动相为气体
吸附色谱	利用吸附剂对不同组分吸附性能的差别	吸附系数 K_A	液固吸附色谱	气固吸附色谱
分配色谱	利用固定液对不同组分分配性能的差别	分配系数 K_p	液-液分配色谱	气-液分配色谱
离子交换色谱	利用离子交换剂对不同离子亲和能力的差别	选择性系数 K_s	液相离子交换色谱	

(1) 吸附色谱

用固体吸附剂作固定相，根据吸附剂表面对不同组分的物理吸附性能的差异进行分离。如气固吸附色谱、液固吸附色谱均属于此类。

(2) 分配色谱

用液体作固定相，利用不同组分在固定相和流动相之间分配系数的差异进行分离。气相色谱法中的气-液色谱和液相色谱法中的液-液色谱均属于分配色谱。

4. 按固定相的材料分类

根据固定相的材料不同可分为离子交换色谱、空间排阻色谱和键合相色谱，见表 1-3。

① 离子交换色谱是以离子交换剂为固定相的色谱法。

② 空间排阻色谱是以孔径有一定范围的多孔玻璃或多孔高聚物为固定相的色谱法。

③ 键合相色谱是采用化学键合相（即通过化学反应将固定液分子键合于多孔载体，如硅胶上）的色谱法。

第二节 色谱流出曲线和术语

一、色谱流出曲线

试样经色谱分离后的各组分的浓度经检测器转换成电信号记录下来，得到一条信号随时间变化的微分曲线，称为色谱流出曲线（色谱图），也称为色谱峰，理想的色谱流出曲线应该是正态分布曲线。色谱流出曲线如图 1-3 所示，色谱图上各个色谱峰，相当于试样中的各种组分，根据各个色谱峰，可以对试样中的各组分进行定性分析和定量分析。

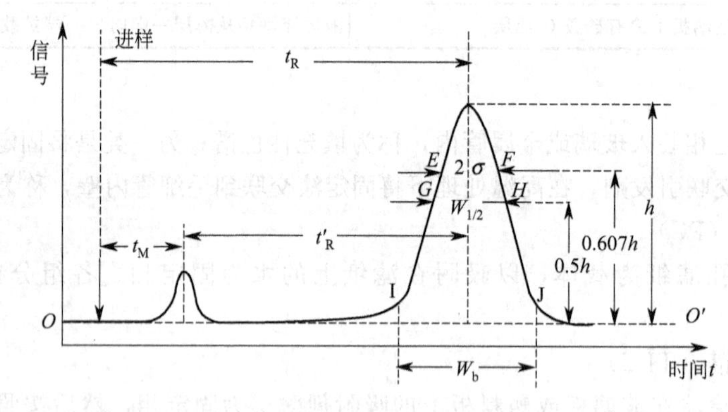

图 1-3 色谱流出曲线（色谱图）

二、术语

对色谱流出曲线如图 1-3 所示，通常用以下术语和关系式来表征。

1. 基线

在实验条件下，无试样组分通过检测器时，检测器记录到的信号称为基线 OO'。基线在稳定的条件下应是一条水平的直线，它的平直与否可反映出实验条件的稳定情况。基线噪声是指由各种因素所引起的基线起伏，基线漂移是指基线随时间定向的缓慢变化。

2. 色谱峰

当某组分从色谱柱流出时，检测器对该组分的响应信号随时间变化所形成的峰形曲线称为该组分的色谱峰。色谱峰一般呈高斯正态分布。实际上一般情况下的色谱峰都是非对称的色谱峰，即非高斯峰，如前伸峰、拖尾峰、平顶峰、馒头峰等。

3. 峰高

峰高（h）是指峰顶到基线的距离。

4. 峰面积

峰面积（A）是指每个组分的流出曲线与基线间所包围的面积。峰高或峰面积的大小与每个组分在样品中的含量相关，因此色谱图中，峰高和峰面积是 GC 进行定量分析的主要依据。

5. 峰宽

峰宽（W_b）是指色谱峰两侧拐点所作的切线与基线两交点之间的距离 IJ。

6. 半峰宽

半峰宽（$W_{1/2}$）是指在峰高 $1/2h$ 处的峰宽 GH。

7. 保留值

保留值表示试样中各组分在色谱柱中的滞留时间的数值。它反映组分与固定相之间作用力的大小，通常用保留时间（停留时间）或用将组分带出色谱柱所需载气的体积（保留体积）表示。在一定的固定相和操作条件下，任何一种物质都有一个确定的保留值，这样就可用做定性参数。

（1）死时间（t_M）

死时间是指不被固定相吸附或溶解的气体（如空气、甲烷）从进样开始到柱后出现浓度最大值时所需的时间，死时间正比于色谱柱的空隙体积。

（2）保留时间（t_R）

保留时间是指被测组分从进样开始到柱后出现浓度最大值时所需的时间。保留时间是色谱峰位置的标志。

（3）调整保留时间（t'_R）

调整保留时间是指扣除死时间后的保留时间，即

$$t'_R = t_R - t_M \tag{1-1}$$

t'_R 更确切地表达了被分析组分的保留特性，是气相色谱定性分析的基本参数。

（4）死体积（V_M）

死体积是指色谱柱在填充后固定相颗粒间所留的空间、色谱仪中管路和连接头间的空间以及检测器的空间的总和。若操作条件下色谱柱内载气的平均流速为 F_c（mL/min），则

$$V_M = t_M F_c \tag{1-2}$$

（5）保留体积（V_R）

保留体积是指从进样开始到柱后被测组分出现浓度最大值时所通过的载气体积，即

$$V_R = t_R F_c \tag{1-3}$$

（6）调整保留体积（V'_R）

调整保留体积指扣除死体积后的保留体积，即

$$V'_R = t'_R F_c = (t_R - t_M) F_c = V_R - V_M \tag{1-4}$$

V'_R 与载气流速无关。死体积反映了色谱柱和仪器系统的几何特性，它与被测物的性质无关，故保留体积值中扣除死体积后将更合理地反映被测组分的保留特性。

（7）相对保留值（r_{is}）

相对保留值指一定实验条件下某组分 i 的调整保留值与另一组分 s 的调整保留值之比：

$$r_{is} = \frac{t'_{R_i}}{t'_{R_s}} = \frac{V'_{R_i}}{V'_{R_s}} \tag{1-5}$$

r_{is}仅仅与柱温和固定相性质有关，而与载气流量及其他实验条件无关，因此是色谱定性分析的重要参数之一。

(8) 选择性因子 (α)

选择性因子指相邻两组分的调整保留值之比。

$$\alpha_{is}=\frac{t'_{R_1}}{t'_{R_2}}=\frac{V'_{R_1}}{V'_{R_2}} \tag{1-6}$$

α 表示色谱柱的选择性，即固定相（色谱柱）的选择性。α 值越大，相邻两组分的 t'_R 相差越大，两组分的色谱峰相距越远，分离得越好，说明色谱柱的分离选择性越高。当 $\alpha=1$ 或接近 1 时，两组分的色谱峰重叠，不能被分离。

(9) 相比率 (β)

相比率指色谱柱的气相与吸附剂或固定液体积之比。它能反映各种类型色谱柱的不同特点。

对于气-固色谱：

$$\beta=\frac{V_G}{V_S} \tag{1-7}$$

对于气-液色谱：

$$\beta=\frac{V_G}{V_L} \tag{1-8}$$

式中，V_G 为色谱柱内气相空间，mL；V_S 为色谱柱内吸附剂所占体积，mL；V_L 为色谱柱内固定液所占体积，mL。

(10) 分配系数 (K)

分配系数是指在一定温度和压力下，组分在固定相和流动相之间分配达平衡时的浓度之比值，即

$$K=\frac{\text{每毫升固定液中所溶解的组分量}}{\text{柱温及柱平均压力下每毫升载气所含组分量}}=\frac{C_L}{C_G} \tag{1-9}$$

式中，C_L，C_G 分别表示组分在固定液、载气（气相）中的浓度。分配系数 K 是由组分和固定相的热力学性质决定的，它是每一个溶质的特征值，它仅与固定相和温度两个变量有关，与两相体积、柱管的特性以及所使用的仪器无关。

(11) 分配比 k（容量因子）

在一定温度和压力下，组分在两相间的分配达平衡时，分配在固定相和流动相中的质量比，称为分配比。它反映了组分在柱中的迁移速率。

$$k=\frac{\text{组分在固定相中的质量}}{\text{组分在流动相中的质量}}=\frac{m_L}{m_G} \tag{1-10}$$

分配比 k 值可直接从色谱图中测得：

$$k=\frac{t_R-t_M}{t_M}=\frac{t'_R}{t_M} \tag{1-11}$$

式(1-11) 表明测容量因子 k 较容易得到（因为只要测 t_R，t_M 就行），所以 GC 中常用容量因子 k 而不用分配系数 K。当 $k=0$ 时，则 $t_R=t'_M$，组分无保留行为；$k=1$ 时，则 $t_R=2t_M$；k 趋近于∞，t_R 很大，此时组分峰出不来。$k=1\sim5$ 最好，如何控制 k，主要选择合适的固定液，改变流动相（对液相色谱），改变样品本身的性质。

第三节　色谱分析基本原理

色谱分析研究的是混合物的分离、分析问题，色谱理论一方面需要解决的问题是如何评

价色谱的分离效果，以建立分离柱效的评价指标体系及柱效与色谱参数间的关系等；另一方面则是讨论影响分离及柱效的因素，在理论的指导下寻找提高柱效的途径。色谱分离过程涉及热力学和动力学两个方面，组分保留时间受色谱分离过程中的热力学因素控制（温度及流动相和固定相的结构与性质），色谱峰变宽则受色谱分离过程中的动力学因素控制（组分在两相中的运动情况）。色谱分析的基本理论有塔板理论和速率理论，塔板理论是一种半经验理论，从热力学的观点解释了色谱流出曲线，给出了分离柱效的评价指标。速率理论从动力学的角度出发，讨论了影响分离的因素及提高柱效的途径。

一、塔板理论

塔板理论（plate theory）是 1941 年由马丁（Martin）和詹姆斯（James）提出的，将色谱分离过程比拟成蒸馏过程，将色谱分离柱中连续的色谱分离过程分割成组分在流动相和固定相之间的多次分配平衡过程的重复，类似于蒸馏塔中每块塔板上的平衡过程，并引入了理论塔板高度和理论塔板数的概念。关于塔板理论的假设如下。

① 在每一块塔板的高度 H 内，组分在气液两相内迅速达到分配平衡。每一小段的高度（H）叫做理论塔板高度，简称为板高。整个色谱柱是由一系列顺序排列的塔板所组成的。

② 将载气看作做脉冲式进入色谱柱。

③ 试样沿色谱柱方向的扩散可忽略。

④ 假定组分在所有的塔板上都是线性等温分配，即组分的分配系数（K）在各塔板上均为常数，且不随组分在某一塔板上的浓度变化而变化。

单一组分进入色谱柱，在流动相和固定相之间经过多次分配平衡，流出色谱柱时，便可得到一个趋于正态分布的色谱峰，色谱峰上组分的最大浓度处所对应的流出时间或载气板体积即为该组分的保留时间或保留体积。若试样为多组分混合物，则经过多次的平衡后，如果各组分的分配系数有差异，则在柱出口处出现最大浓度时所需的载气板体积数也将不同。由于色谱柱的塔板数相当多，因此不同的组分的分配系数只要有微小的差异，仍然可以得到很好的分离效果。

对于一个色谱柱来说，其分离能力（叫柱效能）的大小主要与塔板的数目有关，塔板数越多，柱效能越高。色谱柱的塔板数可以用理论塔板数 n 和有效塔板数 $n_{有效}$ 来表示。

色谱柱长为 L，理论塔板高度为 H，则

$$H=\frac{L}{n} \tag{1-12}$$

显然，当色谱柱长 L 为固定时，每次分配平衡需要的理论塔板高度 H 越小，则柱内理论塔板数 n 就越多，组分在该柱内被分配于两相的次数就越多，柱效能就越高。

计算理论塔板数 n 的经验式为：

$$n=5.54\left(\frac{t_R}{W_{1/2}}\right)^2=16\left(\frac{t_R}{W_b}\right)^2 \tag{1-13}$$

式中，n 为理论塔板数；t_R 为组分的保留时间；$W_{1/2}$ 为以时间为单位的半峰宽；W_b 为以时间为单位的峰底宽。

在实际应用中，常常出现计算出的 n 值很大，但色谱柱的实际分离效能并不高的现象。这是由于保留时间 t_R 包括了死时间 t_M，而 t_M 不参加柱内的分配，即理论塔板数还未能真实地反映色谱柱的实际分离效能。为此，提出了以 t'_R 代替 t_R 计算所得到的有效理论塔

板数。

$n_{有效}$来衡量色谱柱的柱效能。计算公式为：

$$n_{有效}=\frac{L}{H_{有效}}=5.54\left(\frac{t'_R}{W_{1/2}}\right)^2=16\left(\frac{t'_R}{W_b}\right)^2 \tag{1-14}$$

式中，$n_{有效}$为有效理论塔板数；$H_{有效}$为有效理论塔板高度；t'_R为组分调整保留时间；$W_{1/2}$为以时间为单位的半峰宽；W_b为以时间为单位的峰底宽。

塔板理论给出了衡量色谱柱分离效能的指标，但柱效并不能表示被分离组分的实际分离效果，如果两组分的分配系数 K 相同，虽可计算出柱子的塔板数，但无论该色谱柱的塔板数多大，都无法实现分离。该理论无法解释同一色谱柱在不同的载气流速下柱效不同的实验结果，也无法指出影响柱效的因素及提高柱效的途径。由于流动相的快速流动及传质阻力的存在，分离柱中两相间的分配平衡不能快速建立，所以塔板理论只是近似地描述了发生在色谱柱中的实际过程。

二、速率理论

速率理论也称为动力学理论，其核心是速率方程，也称为范·弟姆特（Ven Deemter）方程。色谱分离过程中峰变宽的原因之一是由于有限传质速率而引起的动力学效应影响所致，故理论塔板高度与流动相的流速间有着必然的联系，如图 1-4 所示。

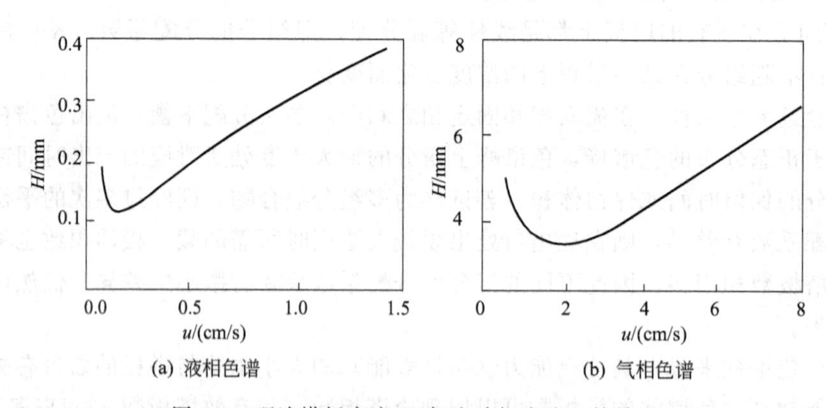

图 1-4 理论塔板高度 H 与流动相流速 u 的关系

由图 1-4 可见，理论塔板高度是流速的函数，通过数学模型来描述两者间的关系可得到速率方程：

$$H=A+B/u+Cu \tag{1-15}$$

式中，A、B、C 为常数，分别对应于涡流扩散、分子扩散和传质阻力三项；H 为理论塔板高度；u 为载气的线速度，cm/s。

减小 A、B、C 可提高柱效，所以这三项各与哪些因素有关是解决如何提高柱效问题的关键所在。

1. 涡流扩散项 A

流动相携带试样组分分子在分离柱中向前运动时，组分分子碰到填充剂颗粒将改变方向形成紊乱的涡流，使组分分子各自通过的路径不同，从而引起色谱峰变宽，如图 1-5 所示。

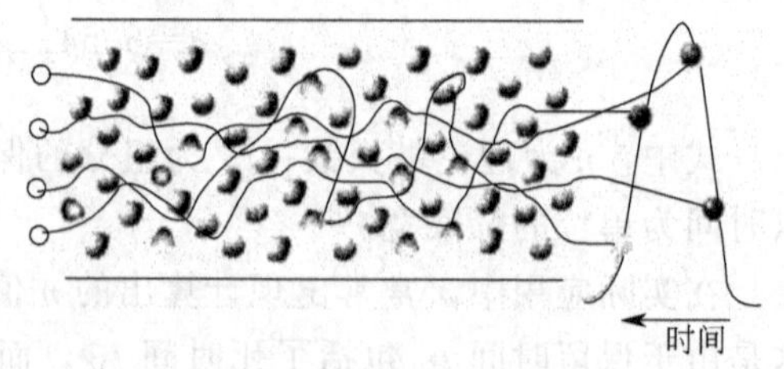

图 1-5 涡流扩散

A 可表示为：

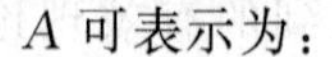

$$A=2\lambda d_p \tag{1-16}$$

式中，λ 为固定相的填充不均匀因子；d_p 为固定相的平均颗粒直径。

涡流扩散项的大小与固定相的平均颗粒直径和填充是否均匀有关，而与流动相的流速无关。固定相颗粒越小，填充得越均匀，A 项的值越小，柱效越高，表现在由涡流扩散所引起的色谱峰变宽现象减轻，色谱峰较窄。

2. 分子扩散项 B/u

当试样组分以很窄的“塞子”形式进入色谱柱后，由于在“塞子”前后存在着浓度差，当其随着流动相向前流动时，试样中组分分子将沿着柱子产生纵向扩散，导致色谱峰变宽。分子扩散与组分所通过路径的弯曲程度和扩散系数有关：

$$B=2\gamma D_g \tag{1-17}$$

式中，γ 为弯曲因子，毛细柱（空心柱）$\gamma=1$，填充柱 $\gamma=0.6\sim0.8$；D_g 为气相扩散系数，cm^3/s，分子扩散项与组分在载气中的扩散系数 D_g 成正比。

分子扩散项还与流动相的流速有关，流速越小，组分在柱中滞留的时间越长，扩散越严重。组分分子在气相中的扩散系数要比在液相中的大，故气相色谱中的分子扩散要比液相色谱中的严重得多。在气相色谱中，采用摩尔质量较大的载气，可使 D_g 值减小。

3. 传质阻力项 C_u

传质阻力包括流动相传质阻力相 C_M 和固定相传质阻力 C_S，即

$$C=C_M+C_S$$

$$C_M=\frac{0.01k^2d_p^2}{(1+k)^2D_M}$$

$$C_S=\frac{2kd_f^2}{3(1+k)^2D_S}$$

式中，k 为容量因子；D_M，D_S 为流动相和固定相中的扩散系数；d_p 为固定相颗粒半径；d_f 为液膜厚度。

由以上各关系式可见，减小固定相粒度，选择相对分子质量小的气体做载气，减小液膜厚度，可降低传质阻力。

速率方程中 B、C 两项对理论塔板高度的贡献随流动相流速的改变而不同，在毛细管色谱中，分离柱为中空毛细管，则 $A=0$。流动相流速较高时，传质阻力项是影响柱效的主要因素。流速增加，传质不能快速达到平衡，柱效下降。载气流速低时试样由高浓度区向两侧纵向扩散加剧，分子扩散项成为影响柱效的主要因素，流速增加，柱效增加。

由于流速对 B、C 两项的作用完全相反，流速对柱效的总影响使得存在一个最佳流速值，即速率方程中理论塔板高度对流速的一阶导数有一极小值。以理论塔板高度 H 对应流动相流速 u 作图 1-6，曲线最低点的流速即为最佳流速。

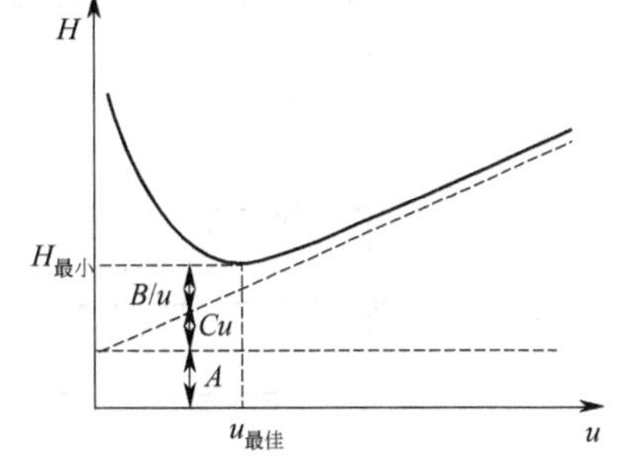

图 1-6　最佳流速

速率理论的要点归纳为组分分子在柱内运行的多路径、涡流扩散、浓度梯度造成的分子扩散及传质阻力使气液两相间的分配平衡不能瞬间达到等因素，是造成色谱峰变宽及柱效下降的主要原因；通过选择适当的固定相粒度、载气种类、液膜厚度及载气流速可提高柱效；速率理论为色谱分离和操作条件选择提供了理论指导，

阐明了流速和柱温对柱效及分离的影响；各种因素相互制约，如流速增大，分子扩散项的影响减小，使柱效提高，但同时传质阻力项的影响增大，又使柱效下降。柱温升高，有利于传质，但又加剧了分子扩散项的影响。只有选择最佳操作条件，才能使柱效达到最高。

三、分离度

塔板理论和速率理论都难以描述难分离物质对的实际分离程度，即柱效为多大时，相邻两组分能够被完全分离。难分离物质对的分离度大小受色谱分离过程中两种因素的综合影响，保留值之差为色谱分离过程中的热力学因素；区域宽度为色谱分离过程中的动力学因素。

色谱分离中的四种情况如图 1-7 所示。对于图 1-7①中，由于柱效较高，两组分的 ΔK（分配系数之差）较大，分离完全。图 1-7②中的 ΔK 不是很大，但柱效较高，峰较窄，基本上分离完全。图 1-7③中的柱效较低，虽然 ΔK 较大，但分离得仍然不好。图 1-7④中的 ΔK 小，且柱效低，分离效果较差。

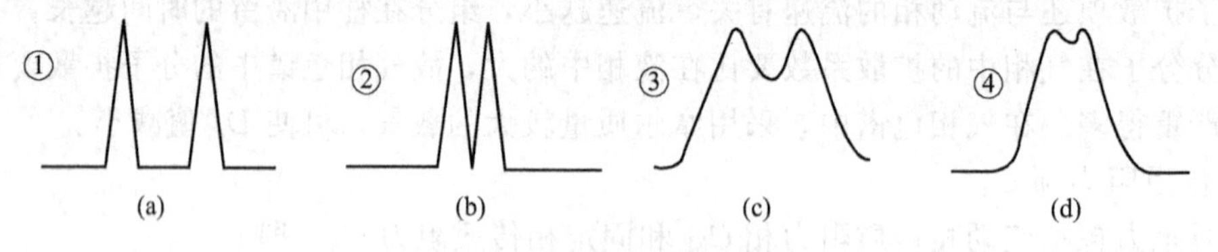

图 1-7　色谱分离中的四种情况

考虑色谱分离过程中的热力学因素和动力学因素，引入分离度（R）来定量描述混合物中相邻两组分的实际分离程度。分离度的表达式为：

$$R=\frac{2[t_{R(2)}-t_{R(1)}]}{W_{b(2)}+W_{b(1)}}=\frac{2[t_{R(2)}-t_{R(1)}]}{1.699[W_{1/2(2)}+W_{1/2(1)}]} \tag{1-18}$$

当 $R=0.8$ 时，分离程度达到 89%；$R=1$ 时分离程度达到 98%；$R=1.5$ 时分离程度达到 99.7%，故以此定义为相邻两峰完全分离的标准。不同分离度时的色谱等高峰分离的程度，如图 1-8 所示。

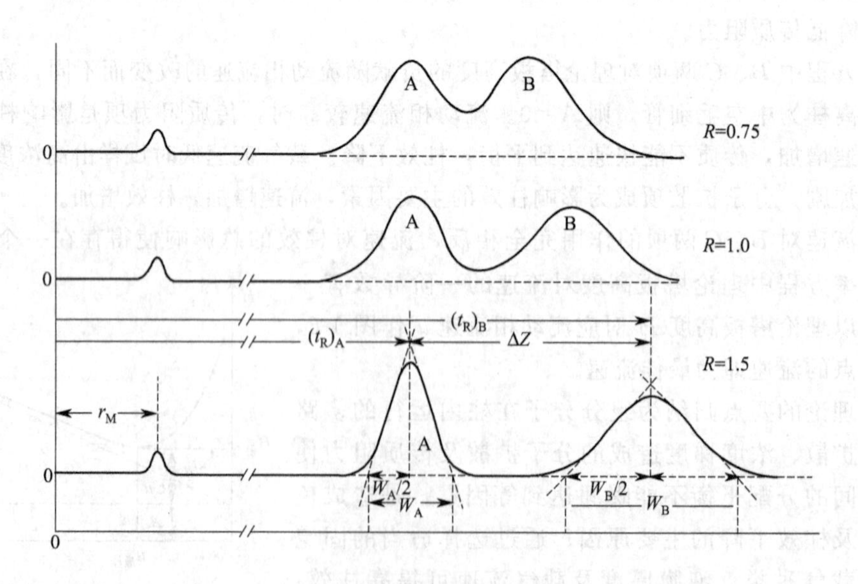

图 1-8　不同分离度时的色谱等高峰分离的程度

四、基本色谱分离方程

分离的热力学和动力学（即峰间距和峰宽）两个方面因素，定量地描述了混合物中相邻两组分实际分离的程度，因而用它作色谱柱的总分离效能指标。如果 $W_{b(2)}=W_{b(1)}=W_b$（相邻两峰的峰底宽近似相等），分离度与柱效能（n）、容量因子（k）和选择性因子（α）三者之间的关系可用数学式表示为：

$$R=\frac{\sqrt{n}}{4}\left(\frac{\alpha-1}{\alpha}\right)\left(\frac{k}{k+1}\right) \tag{1-19}$$

式(1-19) 即为基本色谱分离方程式。

实际应用中，用 $n_{有效}$ 代替 n。

$$n_{有效}=n\left(\frac{k}{k+1}\right)^2 \tag{1-20}$$

基本色谱分离方程式变为：

$$R=\frac{\sqrt{n_{有效}}}{4}\left(\frac{\alpha-1}{\alpha}\right) \tag{1-21}$$

或

$$n_{有效}=16R^2\left(\frac{\alpha}{\alpha-1}\right)^2 \tag{1-22}$$

1. 分离度与柱效能的关系

由式(1-21) 可以看出，具有一定相对保留值 α 的物质对，分离度直接和有效塔板数有关，说明有效塔板数能正确地代表柱效能。由式(1-19) 说明分离度与理论塔板数的关系还受热力学性质的影响。当固定相确定，被分离物质的 α 确定后，分离度将取决于 n。这时，对于一定理论板高的柱子，分离度的平方与柱长成正比，即

$$\left(\frac{R_1}{R_2}\right)^2=\frac{n_1}{n_2}=\frac{L_1}{L_2} \tag{1-23}$$

说明用较长的色谱柱可以提高分离度，但延长了分析时间。因此，提高分离度的好方法是制备出一根性能优良的柱子，通过降低板高，以提高分离度。

2. 分离度与选择因子的关系

由基本色谱方程式判断，当 $\alpha=1$ 时，$R=0$。这时，无论怎样提高柱效能也无法使两组分分离。显然，α 大，选择性好。研究证明 α 的微小变化，就能引起分离度的显著变化。一般通过改变固定相和流动相的性质和组成或降低柱温，可有效增大 α 值。

3. 分离度与容量因子的关系

根据式(1-19)，增大 k 可以适当增加分离度 R，但这种增加是有限的，当 $k>10$ 时，随容量因子增大，分离度 R 增加是非常少的。R 通常控制在 2～10 为宜。对气相色谱，通过提高柱温选择合适的 k 值，可改善分离度。对液相色谱，改变流动相的组成比例，就能有效地控制 k 值。

五、基本色谱分离方程的应用

在实际工作中，基本分离色谱方程将柱效能、选择因子、分离度三者关系联系起来，已知其中任意两个指标，即可知道第三个指标的数值。

【例 1-1】 在一定条件下，两个组分的调整保留时间分别为 85s 和 100s，要达到完全分离，即 $R=1.5$，计算需要多少有效塔板。若填充柱的塔板高度为 0.1cm，所需柱长是多少？

解

$$\alpha=\frac{t'_{R_2}}{t'_{R_1}}=\frac{100}{85}=1.18$$

$$n_{有效}=16R^2\left(\frac{\alpha}{\alpha-1}\right)^2=16\times1.5^2\times\left(\frac{1.18}{1.18-1}\right)^2=1547\text{（块）}$$

$$L_{有效}=n_{有效}H_{有效}=1547\times0.1=155\text{（cm）}$$

即柱长为1.55m时，两组分可以达到完全分离。

【例1-2】 在一定条件下，两个组分的保留时间分别为12.2s和12.8s，$n=3600$块，计算分离度（设柱长为1m）。若要达到完全分离，即$R=1.5$，求所需要的柱长。

解 由$n=16\left(\frac{t_R}{W_b}\right)^2$得：

$$W_{b(1)}=\frac{4t_{R(1)}}{\sqrt{n}}=\frac{4\times12.2}{\sqrt{3600}}=0.8133$$

$$W_{b(2)}=\frac{4t_{R(2)}}{\sqrt{n}}=\frac{4\times12.8}{\sqrt{3600}}=0.8533$$

$$R=\frac{2\times(12.8-12.2)}{0.8533+0.8133}=0.72$$

由$\left(\frac{R_1}{R_2}\right)^2=\frac{L_1}{L_2}$得：

$$L_2=\left(\frac{R_1}{R_2}\right)^2\times L_1=\left(\frac{1.5}{0.72}\right)^2\times1=4.34\text{（m）}$$

【例1-3】 有一根1.5m长的柱子，分离组分1和2，$t_{R(1)}$、$t_{R(2)}$分别为45min、49min，死时间为5min，$W_{b(2)}=W_{b(1)}=5\text{mm}$。

（1）求两组分在色谱柱上的分离度和色谱柱的有效塔板数。

（2）若要使组分1和2完全分离，求所需要的柱长。

解 （1）

$$\alpha=\frac{t'_{R_2}}{t'_{R_1}}=\frac{49-5}{45-5}=1.1$$

$$R=\frac{2[t_{R(2)}-t_{R(1)}]}{W_{b(2)}+W_{b(1)}}=\frac{2\times(49-45)}{5+5}=0.8$$

$$n_{有效}=16R^2\left(\frac{\alpha}{\alpha-1}\right)^2=16\times0.8^2\times\left(\frac{1.1}{1.1-1}\right)^2=1239$$

（2）

$$H_{有效}=\frac{L}{n_{有效}}=\frac{1.5}{1239}=1.21\times10^{-3}\text{（m）}$$

$$n_{有效}=16\times1.5^2\times\left(\frac{1.1}{1.1-1}\right)^2=4356$$

$$L=n_{有效}H_{有效}=4356\times1.21\times10^{-3}=5.27\text{（m）}$$

第四节　定性和定量分析

色谱分析的目的是获得试样的组成和各组分含量等信息，以降低试样系统的不确定度。但在所获得的色谱图中，并不能直接给出每个色谱峰所代表何种组分及其准确含量，需要掌握一定的定性与定量分析方法。

一、定性分析

色谱分析的简单定性可以采取以下几种方法，但均属于间接法，不能提供有关组分分子的结构信息。利用色谱对混合物的高分离能力和其他结构鉴定仪器相结合而发展起来的联用技术，使得色谱分析的定性问题得到较好的解决。

1. 利用纯物质定性

(1) 利用保留值定性

在完全相同的条件下，分别对试样和纯物质进行分析。通过对比试样中具有与纯物质相同保留值的色谱峰，确定试样中是否含有该物质及在色谱图中的位置，但这种方法不适用于在不同仪器上获得的数据之间的对比。对于保留值接近或分离不完全的组分，该方法难以准确判断。

(2) 用加入法定性

将纯物质加入到试样中，观察各组分色谱峰的相对变化，确定与纯物质相同的组分。

分离不完全时，不同物质可能在同一色谱柱上具有相同的保留值，在一支色谱柱上按上述方法定性的结果并不可靠，需要在两支不同性质的色谱柱上进行对比。当缺乏标准试样时，可以采用以下方法定性。

2. 利用文献保留值定性

相对保留值仅与柱温和固定液的性质有关。在色谱手册中都列有各种物质在不同固定液上的相对保留值数据，可以用来进行定性鉴定。

3. 利用保留指数定性

(1) 保留指数

保留指数又称为柯瓦（Kovats）指数，它表示物质在固定液上的保留行为，是目前使用最广泛并被国际上公认的定性指标。保留指数也是一种相对保留值，它是把正构烷烃中某两个组分的调整保留值的对数作为相对的尺度，并假定正构烷烃的保留指数为 $n\times100$。被测物的保留指数值可用内插法计算。是一种重现性较好的定性参数。

(2) 测定方法

将正构烷烃作为标准，规定其保留指数为分子中碳原子个数乘以 100（如正己烷的保留指数为 600）。其他物质的保留指数是通过选定两个相邻的正构烷烃，其分别具有 Z 和 $Z+1$ 个碳原子。被测物质 X 的调整保留时间应在相邻两个正构烷烃的调整保留值之间，如图 1-9 所示。大量实验数据表明，化合物调整保留时间的对数值与其保留指数间的关系基本上是一条直线关系。因此可用内插法计算保留指数 I_X。

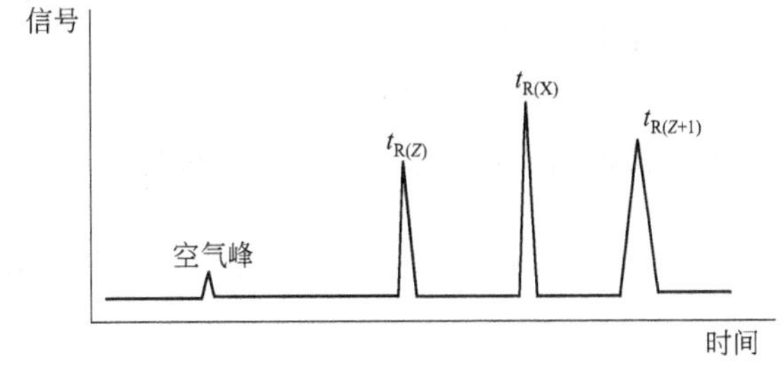

图 1-9 保留指数测定示意

保留指数的计算方法为：

$$t'_{R(Z+1)}>t'_{R(X)}>t'_{R(Z)} \tag{1-24}$$

$$I_X=100\left[\frac{\lg t'_{R(X)}-\lg t'_{R(Z)}}{\lg t'_{R(Z+1)}-\lg t'_{R(Z)}}+Z\right] \tag{1-25}$$

二、定量分析

定量分析就是确定样品中某一组分的准确含量。气相色谱定量分析与绝大部分的仪器定量分析一样，是一种相对定量方法，而不是绝对定量分析方法。

在一定的色谱分离条件下，检测器的响应信号，即色谱图上的峰面积与进入检测器的质量（或浓度）成正比，这是色谱定量分析的基础。定量计算前需要正确测量峰面积和比例系数（定量校正因子）。

1. 峰面积的测量

（1）峰高（h）乘半峰宽（$W_{1/2}$）法

该法是近似将色谱峰当作等腰三角形，但此法算出的面积是实际峰面积的 0.94 倍，故实际峰面积 A 应为：

$$A=1.064hW_{1/2} \tag{1-26}$$

（2）峰高乘平均峰宽法

当峰形不对称时，可在峰高 0.15 和 0.85 处分别测定峰宽，由式(1-27) 计算峰面积：

$$A=1/2(W_{0.15}+W_{0.85})h \tag{1-27}$$

（3）峰高乘保留时间法

在一定操作条件下，同系物的半峰宽与保留时间成正比，对于难以测量半峰宽的窄峰、重叠峰（未完全重叠），可用此法测定峰面积：

$$W_{1/2}\propto t_R \quad W_{1/2}=bt_R$$

$$A=hbt_R \tag{1-28}$$

作相对计算时，b 可以约去。

（4）自动积分和微机处理法

新型仪器多配备微机，可自动采集数据并进行数据处理给出峰面积及含量等结果。

2. 定量校正因子

色谱定量分析的依据是被测组分的量与其峰面积成正比。当两个质量相同的不同组分在相同条件下使用同一检测器进行测定时，所得的峰面积却不相同。因此，混合物中某一组分的百分含量并不等于该组分的峰面积在各组分峰面积总和中所占的百分比。这样，就不能直接利用峰面积计算物质的质量。为了使峰面积能真实反映出物质的质量，就要对峰面积进行校正，即在定量计算中引入校正因子。

（1）绝对校正因子（f_i）

绝对校正因子是指单位面积或单位峰高对应的物质量，即

$$f_i=\frac{m_i}{A_i} \tag{1-29}$$

或

$$f_{i(h)}=\frac{m_i}{h_i} \tag{1-30}$$

绝对校正因子 f_i 的大小主要由操作条件和仪器的灵敏度所决定，f_i 无法直接应用，定量分析时，一般采用相对校正因子。

（2）相对校正因子（f'_i）

相对校正因子是指组分 i 与另一标准物 s 的绝对校正因子之比，即

$$f'_i=\frac{f_i}{f_s}=\frac{m_i/A_i}{m_s/A_s}=\frac{m_iA_s}{m_sA_i} \tag{1-31}$$

当 m_i、m_s 以摩尔为单位时，所得相对校正因子称为相对摩尔校正因子，用 f'_M 表示；当 m_i、m_s 用质量单位为单位时，以 f'_w 表示。

对于气体样品，以体积计量时，对应的相对校正因子称为相对体积校正因子，以 f'_V 表示。

当温度和压力一定时，相对体积校正因子等于相对摩尔校正因子，即

$$f'_M=f'_V \tag{1-32}$$

相对校正因子值只与被测物和标准物以及检测器的类型有关，而与操作条件无关。因此，f'_i 值可自文献中查出引用。若文献中查不到所需的 f'_i 值，也可以自己测定。常用的标准物质，对热导检测器（TCD）是苯，对氢焰检测器（FID）是正庚烷。

测定相对校正因子最好是用色谱纯试剂。若无纯品，也要确知该物质的百分含量。测定时首先准确称量标准物质和待测物，然后将它们混合均匀进样，分别测出其峰面积，再进行计算。

3. 定量分析方法

（1）归一化法

归一化法是试样中所有 n 个组分全部流出色谱柱，并在检测器上产生信号时使用。归一化法就是以样品中被测组分经校正过的峰面积（或峰高）占样品中各组分经过校正的峰面积（或峰高）的总和的比例来表示样品中各组分含量的定量方法。

假设试样中有 n 个组分，每个组分的质量分别为 m_1，m_2，…，m_n 各组分含量的总和 m 为 100%，其中组分 i 的质量分数 w_i 可按式(1-33) 计算：

$$w_i=\frac{m_i}{m_1+m_2+KK+m_n}\times 100\%=\frac{f_iA_i}{f_1A_1+f_2A_2+KK+f_nA_n}\times 100\% \qquad (1\text{-}33)$$

f_i 为质量校正因子，得质量分数；如为摩尔校正因子，则得摩尔分数或体积分数（气体）。若各组分的 f 值相近或相同，例如同系物中沸点接近的各组分，则式(1-33) 可简化为：

$$w_i=\frac{A_i}{A_1+A_2+K+A_i+K+A_n}\times 100\% \qquad (1\text{-}34)$$

对于狭窄的色谱峰，也有用峰高代替峰面积来进行定量测定。当各种条件保持不变时，在一定的进样量范围内，峰的半宽度是不变的，因为峰高就直接代表某一组分的量。

$$w_i=\frac{h_i f'_{i(h)}}{h_1 f'_{1(h)}+h_2 f'_{2(h)}+K+h_i f'_{i(h)}+K+h_n f'_{n(h)}}\times 100\% \qquad (1\text{-}35)$$

$f'_{n(h)}$ 为峰高校正因子，此值常自行测定，测定方法用峰面积校正因子，不同的是用峰高代替峰面积。

如果试样中有不挥发性组分或易分解组分时，采用该方法将产生较大误差。

（2）外标法

外标法即标准曲线法。外标法不是把标准物质加入到被测样品中，而是在与被测样品相同的色谱条件下单独测定，把得到的色谱峰面积与被测组分的色谱峰面积进行比较求得被测组分的含量。

标准曲线法是用对照物质配制一系列浓度的对照品溶液确定工作曲线，求出斜率、截距。在完全相同的条件下，准确进样与对照品溶液相同体积的样品溶液，根据待测组分的信号（峰面积或峰高），从标准曲线上查出其浓度，或用回归方程计算。

标准曲线法的优点是绘制好标准工作曲线后，可直接从标准曲线上读出含量，因此特别适合对大量样品的测定。外标法方法简便，是用待测组分的纯样制标准曲线。

外标法不使用校正因子，准确性较高，不论样品中其他组分是否出峰，均可对待测组分定量。但操作条件变化对结果的准确性影响较大，对进样量的准确性控制要求较高，适用于大批量试样的快速分析。

（3）内标法

内标法是选择一种物质作为内标物，与试样混合后进行分析。这样内标物与试样组分的分析条件完全相同，两者峰面积的相对比值固定，可采用相对比较法进行计算。

内标法的关键是选择一种与试样组分性质接近的物质作为内标物，其应满足试样中不含有该物质，与试样组分性质比较接近，不与试样发生化学反应，出峰位置应位于试样组分附近，且无组分峰影响。

选定内标物后，需要重新配制试样：准确称取一定量的原试样（W），再准确加入一定量的内标物（m_s），则试样中内标物与待测物的质量比为：

$$m_i=f_iA_i \quad m_s=f_sA_s$$

$$\frac{m_i}{m_s}=\frac{f_iA_i}{f_sA_s}=f_i'\frac{A_i}{A_s}$$

$$m_i=f_i'\frac{A_i}{A_s}m_s \tag{1-36}$$

设样品的质量为 $m_{样}$，则待测组分 i 的质量分数为：

$$w_i=\frac{m_i}{m_{试样}}\times100\%=\frac{m_s\dfrac{f_i'A_i}{f_s'A_s}}{m_{试样}}\times100\%=\frac{m_sA_if_i'}{m_{试样}A_sf_s'}\times100\% \tag{1-37}$$

式中，f_i'、f_s' 为组分 i 和内标物 s 的质量校正因子；A_i，A_s 为组分 i 和内标物 s 的峰面积。也可用峰高代替面积，则

$$w_i=\frac{m_sh_if_{i(h)}'}{m_{试样}h_sf_{s(h)}'}\times100\% \tag{1-38}$$

式中 $f_{i(h)}'$、$f_{s(h)}'$ 分别为组分 i 和内标物 s 的峰高校正因子，也可改写为式(1-40)。

$$w_i=f_i'\frac{m_sA_i}{m_{试样}A_s}\times100\% \tag{1-39}$$

$$w_i=f_{i(h)}'=\frac{m_sh_i}{m_{试样}h_s}\times100\% \tag{1-40}$$

当只需测定试样中某几个组分，或试样中所有组分不可能全部出峰时，可采用内标法。内标法的准确性较高，操作条件和进样量的稍许变动对定量结果的影响不大，但对于每个试样的分析，都要先进行两次称量，不适合大批量试样的快速分析。若将试样的取样量和内标物的加入量固定，则

$$w_i=\frac{A_i}{A_s}\times常数\times100\% \tag{1-41}$$

由式(1-41) 可以配制一系列试样的标准溶液进行分析，绘制标准曲线，即内标法标准曲线。

本 章 小 结

一、基本概念

色谱分离法，色谱流出曲线，基线，色谱峰，峰高，峰面积，峰宽，半峰宽，保留值，死时间，保留时间，调整保留时间，死体积，保留体积，调整保留体积，相对保留值，选择性因子，相比率，分配系数，分配比（容量因子）

二、基本理论

1. 色谱分离法分类

(1) 按两相物理状态分类

（2）按固定相的存在形式分类　柱色谱，纸色谱，薄层色谱

（3）按分离过程物理化学原理分类　吸附色谱，分配色谱

（4）按固定相的材料分类　离子交换色谱，空间排阻色谱，键合相色谱

2. 色谱分析基本原理

（1）塔板理论

（2）速率理论　涡流扩散项 A，分子扩散项 B/u，传质阻力项 C_u

（3）分离度

（4）基本色谱分离方程

3. 色谱定性分析方法

（1）利用纯物质定性　利用保留值定性，用加入法定性

（2）利用文献保留值定性

（3）利用保留指数定性

4. 色谱定量分析方法

（1）峰面积的测量　峰高（h）乘半峰宽（$W_{1/2}$）法，峰高乘平均峰宽法，峰高乘保留时间法，自动积分和微机处理法

（2）定量校正因子　绝对校正因子，相对校正因子

（3）定量分析方法　归一化法，外标法，内标法

思考与练习

1. 以下各项不属于描述色谱峰宽的术语是（　　）。

A. 标准差　B. 半峰宽　C. 峰宽　D. 容量因子

2. 不影响两组分相对保留值的因素是（　　）。

A. 载气流速　B. 柱温　C. 检测器类型　D. 固定液性质

3. 常用于评价色谱分离条件选择是否适宜的参数是（　　）。

A. 理论塔板数　B. 塔板高度　C. 分离度　D. 死时间

4. 不影响速率方程式中分子扩散项大小的因素有（　　）。

A. 载气流速　B. 载气相对分子质量　C. 柱温　D. 柱长

5. 衡量色谱柱选择性的指标是（　　）。

A. 理论塔板数　B. 容量因子　C. 相对保留值　D. 分配系数

6. 衡量色谱柱柱效的指标是（　　）。

A. 理论塔板数　B. 分配系数　C. 相对保留值　D. 容量因子

7. 下列途径（　　）不能提高柱效。

A. 降低担体粒度　B. 减小固定液液膜厚度　C. 调节载气流速　D. 将试样进行预分离

8. 为了测定某组分的保留指数，气相色谱法一般采用的基准物是（　　）。

A. 苯　B. 正庚烷　C. 正构烷烃　D. 正丁烷和丁二烯

9. 色谱分析法区别于其他分析方法的主要特点是什么？

10. 色谱分析分离的依据是什么？

11. 只要色谱柱的塔板数足够多，任何两物质都能被分离吗？

12. 塔板理论无法解释哪些问题？

13. 根据速率理论，提高色谱柱效的途径有哪些？

14. 为什么存在一个最佳流速？流动相的流速较低或较高时，影响柱效的主要因素各是什么？
15. 为什么可用分离度 R 作为色谱柱的总分离效能指标？
16. 色谱定性的依据是什么？主要有哪些定性方法？
17. 色谱定量分析方法有哪几种？各有什么特点？
18. 某试样的色谱图上仅出现一个峰，试样的纯度一定高吗？
19. 某气相色谱柱的范·弟姆特方程中的常数如下：$A=0.01\text{cm}$，$B=0.57\text{cm}^2/\text{s}$，$C=0.13\text{s}$。计算最小塔板高度和最佳流速。
20. 已知某色谱柱固定相和流动相的体积比为 1∶12，空气、丙酮、甲乙酮的保留时间分别为 0.4min，5.6min，8.4min。计算丙酮、甲乙酮的分配比和分配系数。
21. 某物质色谱峰的保留时间为 65s，半峰宽为 5.5s。若柱长为 3m，则该柱子的理论塔板数为多少？
22. 某试样中，难分离物质对的保留时间分别为 40s 和 45s，填充柱的塔板高度近似为 1mm。假设两者的峰底宽相等。若要完全分离（$R=1.5$），柱长应为多少？
23. 用气相色谱分析乙苯和二甲苯混合物，测得色谱数据如下，试计算各组分的含量。

组　分	峰面积 A/cm^2	校正因子 f'_M	组　分	峰面积 A/cm^2	校正因子 f'_M
乙苯	70	0.97	间二甲苯	120	0.96
对二甲苯	90	1.00	邻二甲苯	80	0.98

24. 测定试样中一氯乙烷、二氯乙烷和三氯乙烷的含量。用甲苯做内标，甲苯质量为 0.1200g，试样质量为 1.440g。校正因子及测得峰面积如下，计算各组分的含量。

组　分	f_i	A/cm^2	组　分	f_i	A/cm^2
甲苯	1.00	1.08	二氯乙烷	1.47	1.17
一氯乙烷	1.15	1.48	三氯乙烷	1.65	1.98

实训 1-1　填充色谱柱的制备

一、实训目的

1. 学习固定液的涂渍方法。

2. 学习装填色谱柱的操作和色谱柱的老化处理方法。

二、测定原理

色谱柱是气相色谱仪的关键部件之一，制备气液色谱的色谱柱，一般应考虑以下几方面。

1. 担体的选择与预处理

根据被测组分的极性大小选择不同的担体，并通过酸洗、碱洗或硅烷化、釉化等方式进行预处理，以改进担体孔径结构和屏蔽活性中心，从而提高柱效能。担体的颗粒度常用80～120 目。

2. 固定液的选择

根据相似相溶的原理和被测组分的极性，选择合适的固定液。

3. 确定固定液与担体的配比

一般固担比（固定液与担体的配比）为 5∶100～25∶100，配比的比例直接影响担体表面固定液液膜的厚度，因而影响色谱柱的柱效能。

4. 柱管的选择与清洗

一般填充柱的柱长为 1～10m，柱的内径为 2～6mm，柱管材质有不锈钢、玻璃、铜等。

柱管需用酸、碱反复清洗。

5. 色谱柱的装填与老化

固定相在柱管内应该装填得均匀、紧密，并在装填过程中不被破碎，才能获得高的柱效能。固定相在装填后还须进行老化处理，以除去残留的溶剂和低沸点杂质，并使固定液液膜牢固、均匀地涂布在担体表面。

三、仪器与试剂

1. 仪器

气相色谱仪；红外线干燥箱 250W；筛子 100 目、120 目；真空泵；水泵；干燥塔（玻璃）；漏斗；蒸发皿；色谱柱管长 2m、内径 2mm 的螺旋状不锈钢空柱；氮气钢瓶。

2. 试剂

固定液：二甲基硅橡胶（SE-30）；担体：102 硅烷化白色担体，100～120 目；乙醚；盐酸；氢氧化钠等均为分析纯。

四、测定步骤

1. 担体的预处理

称取 100g 100～120 目的 102 硅烷化白色担体，用 100 目和 120 目筛子过筛，在 105℃ 烘箱内烘干 4～6h，以除去担体吸附的水分，冷却后保存在干燥器内备用。

2. 固定液的涂渍

称取固定液二甲基硅橡胶（SE-30）1.0g 于 150mL 蒸发皿中，加入适量乙醚溶解，乙醚的加入量应能浸没担体并保持有 3～5mm 的液层。然后加入 20g 102 硅烷化白色担体，置于通风橱内使乙醚自然挥发，并且不时加以轻缓搅拌，待乙醚挥发完毕后，移至红外线干燥箱继续烘干 20～30min 即可准备装填。本实验选用的固定液与担体的配比为 5∶100。涂渍时应注意以下几点。

(1) 选用的溶剂应能完全溶解固定液，不可出现悬浮或分层等现象，同时溶剂应能完全浸润担体。

(2) 使用溶剂不是低沸点、易挥发的，则应在低于溶剂沸点约 20℃ 的水浴上，徐徐蒸去溶剂。

(3) 在溶剂蒸发过程中，搅动应轻而缓慢，不可剧烈搅拌和摩擦蒸发皿，以免把担体搅碎。

(4) 开始时不能使用红外线干燥箱来蒸发溶剂，否则溶剂蒸发太快，使固定液涂渍不均匀。

3. 色谱柱的装填

将色谱柱管一端与水泵相接，另一端接一漏斗，倒入 50mL 1～2mol/L 的盐酸溶液，浸泡 5～6min，然后用水抽洗至中性，再用 50mL 1～2mol/L 的氢氧化钠溶液浸泡抽洗，而后用水抽洗之；如此反复抽洗 2～3 次，最后用水抽洗至中性，烘干备用，如图 1-10 所示。

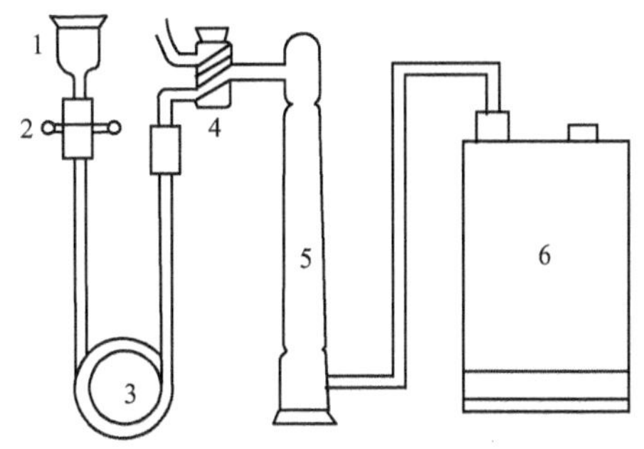

图 1-10　色谱柱装填示意

1—小漏斗；2—螺旋夹；3—色谱管柱；4—三通活塞；5—干燥塔；6—真空泵

在清洗烘干备用的不锈钢柱管的末端垫一层干净的玻璃棉，与真空泵相接，另一端接上漏斗，启动真空泵。向漏斗中倒入固定相填料，并用小木棒敲打柱管的各个部位，使固定相填料均匀而紧密地装填在柱管内，直到固定相填料不再继续进入柱管为止。填料时要注意以下几点。

（1）在色谱柱管与玻璃三通活塞之间，须用2～3层纱布隔开，以避免固定相填料被抽入干燥塔内。

（2）敲打色谱柱管时，不能用金属棒剧烈敲击，以免固定相填料破碎。

（3）装填完毕，先把玻璃三通活塞切换与大气相通，然后再切断真空泵电源，否则泵油将被倒抽至干燥塔内。

（4）若填充后色谱柱内的固定相填料出现断层或间隙，则应重新装填。

4. 色谱柱的老化处理

（1）把填充好的色谱柱的进气口与色谱仪上载气口相连接，色谱柱的出气口直接通大气，不要接检测器，以免检测器受杂质污染。

（2）开启载气，使其流量为2～5mL/min，并用毛笔或棉花团蘸些肥皂水，抹于各个气路连接处，如果发现有气泡，表明气路连接处漏气，应重新连接，直至不出现气泡为止。

（3）开启色谱仪上总电源和柱箱温度控制器开关，调节柱箱温度于250℃，进行老化处理4～8h。然后接上检测器，开启记录仪电源，若记录的基线平直，说明老化处理完毕，即可用于测定。

五、思考题

1. 涂渍固定液应注意哪些问题？

2. 通过本实验，你认为要装填好一个均匀、紧密的色谱柱，在操作上应注意哪些问题？

3. 影响填充色谱柱柱效能的因素有哪些？

4. 色谱柱为什么需进行老化处理？

第二章　气相色谱法

气相色谱法是以气体作为流动相、液体或固体作为固定相的色谱方法。气相色谱法具有分离效能高、灵敏度高、分析速度快、能够对样品中各组分进行定性和定量分析、应用范围广等优点。

气相色谱法分离效能高是指对化学性质、化学结构极为相似，沸点十分接近的复杂混合物有很强的分离能力。例如，用毛细管柱可同时分析石油产品中50～100多个组分。

气相色谱法灵敏度高是指使用高灵敏度检测器可检测出10^{-13}～10^{-11}g的痕量物质。

气相色谱法分析速度快是指一般情况下，气相色谱完成一个多组分样品的分析，仅需几分钟。目前气相色谱仪普遍配有计算机，能自动打印出色谱图、保留时间、色谱峰面积和分析结果，仪器使用更为便捷。

由于气相色谱法具有上述诸多优点，在科研、工业生产、环境保护等诸多领域中得到广泛应用。气相色谱分析法不仅可以用于分析气体样品，还可以分析液体样品和固体样品。只要样品在450℃以下能够气化就可以利用气相色谱法进行分析。

气相色谱法也存在不足之处。首先，分析高沸点无机物和有机物时比较困难，需要采用其他分析方法来完成；其次，气相色谱定性分析需要用已知纯物质进行对照，从而使其定性功能受到制约。

第一节　气相色谱仪

气相色谱仪是载气连续运行的密闭系统。

一、气相色谱仪的工作过程

气相色谱分析流程如图2-1所示。气相色谱仪的工作原理是：高压钢瓶提供N_2或H_2等载气（载气是用来输送试样且不与待测组分、固定相作用的气体），经减压阀减压后进入净化管（用来除去载气中杂质和水分），再由稳压阀和针形阀分别控制载气压力和流量（由浮子流量计指示），然后通过汽化室进入色谱柱，最后通过检测器放空。待汽化室、色谱柱、检测器的温度以及基线稳定后，试样由进样器进入，并被载气带入色谱柱。由于色谱柱中的固定相对试样中不同组分的吸附能力或溶解能力有所不同，因此不同组分流出色谱柱的时间产生差异，从而使试样中各种组分彼此分离，依次流出色谱柱。组分流出色谱柱后进入检测器，检测器将组分的浓度（mg/mL）或质量流量（g/s）转变成电信号，经过色谱工作站处理后，通过显示器或打印机即可得到色谱图和分析数据。

二、气相色谱仪

气相色谱仪的品牌、型号、种类繁多，但它们都是由气路系统、进样系统、分离系统、检测系统、温度控制系统和数据处理系统六部分组成。

（一）气相色谱仪的分类

常见的气相色谱仪有单柱单气路和双柱双气路两种类型。单柱单气路气相色谱仪（如图

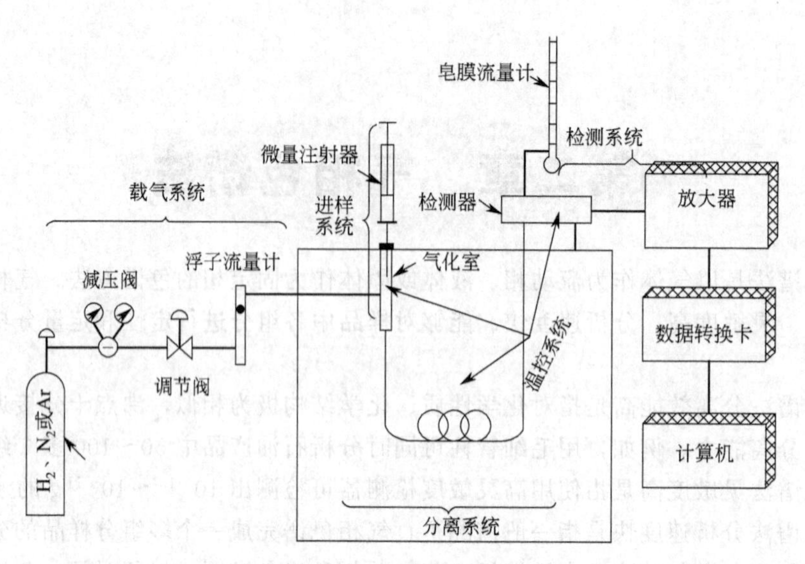

图 2-1　气相色谱分析流程

2-2 所示）工作流程为：由高压气瓶供给的载气经减压阀、净化管、稳压阀、转子流量计、进样器、色谱柱、检测器后放空。单柱单气路气相色谱仪结构简单、操作方便、价格便宜。

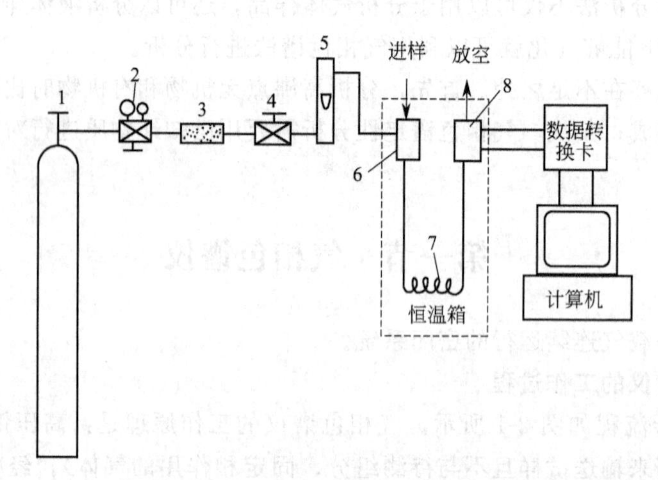

图 2-2　单柱单气路气相色谱仪结构示意

1—载气钢瓶；2—减压阀；3—净化器；4—气流调节阀；
5—转子流量计；6—气化室；7—色谱柱；8—检测器

双柱双气路气相色谱仪（如图 2-3 所示）是将通过稳压阀后的载气分成两路进入各自的进样器、色谱柱和检测器，样品进入其中一路进行分析，另一路用做补偿气流不稳或固定液流失对检测器产生的影响，提高了仪器工作的稳定性，因而适用于程序升温操作和痕量物质的分析。双柱双气路气相色谱仪结构复杂、价格高。

（二）气路系统

1. 气路系统的要求

气相色谱仪中的气路是一个载气连续运行的密闭系统。对气路系统的要求是：载气纯净、密闭性好、载气流速稳定。

气相色谱分析中，载气是输送样品气体运行的气体，是气相色谱的流动相。常用的载气

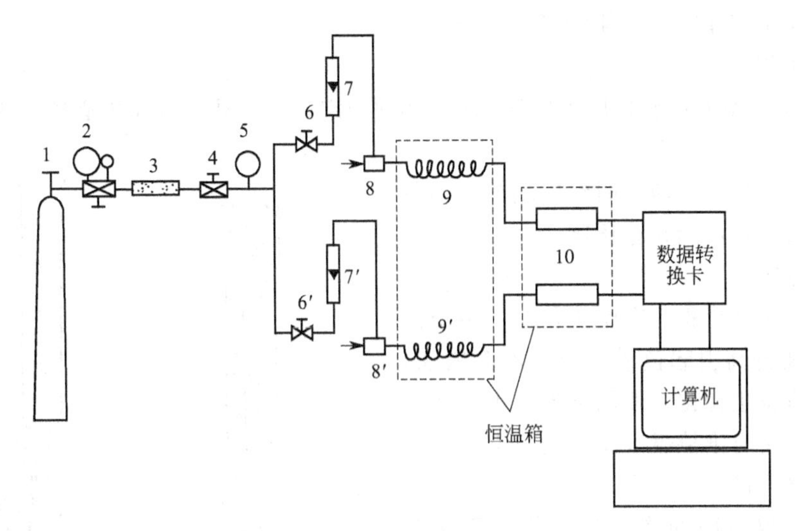

图 2-3　双柱双气路气相色谱仪结构示意

1—载气钢瓶；2—减压阀；3—净化器；4—稳压阀；5—压力表；6，6′—针形阀；7，7′—转子流速计；8，8′—进样-气化室；9，9′—色谱柱；10—检测器

为氮气、氢气。氦气、氩气由于价格高，应用较少。

2. 气路系统主要部件

（1）气体钢瓶和减压阀

载气一般可由高压气体钢瓶或气体发生器来提供。

一般气相色谱仪使用的载气压力为 0.2～0.4MPa，因此需要通过减压阀调节钢瓶输出压力。

（2）净化管

气体钢瓶供给的气体经过减压阀后，必须经过净化管净化处理。净化管内可以装填 5A 分子筛、变色硅胶、活性炭，用来吸附气体中的微量水和有机杂质。净化管通常为内径 30mm、长 200～250mm 的不锈钢管，如图 2-4 所示。

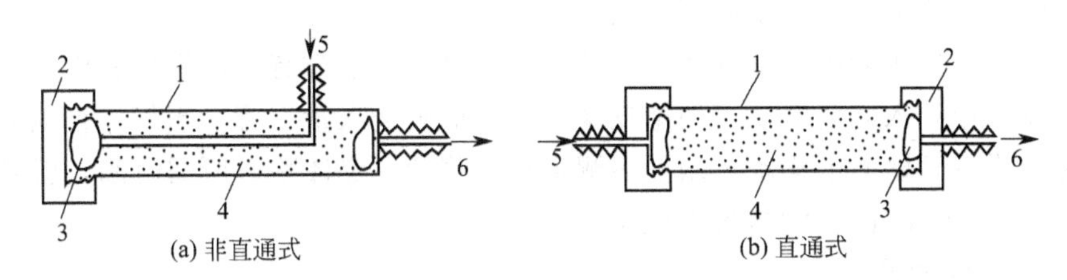

图 2-4　净化管的结构

1—干燥管；2—螺母；3—玻璃毛；4—干燥剂；5—载气入口；6—载气出口

净化管的出口应当用少量脱脂棉轻轻塞上，以防净化剂粉尘流出净化管进入色谱仪。当硅胶变色时，应重新活化分子筛和硅胶，活化后可重新装入使用。

（3）针形阀

针形阀用来调节载气流量，也可以用来控制燃气和空气的流量。由于针形阀结构简单，当气体进口压力发生变化时，其出口的流量也将发生变化。所以用针形阀不能精确地调节流量。

当针形阀不工作时，应使针形阀全开。

（4）稳压阀

由于气相色谱分析操作中要求载气流速必须稳定，所以载气管路中必须使用稳压阀稳定载气压力。

稳压阀不工作时，应顺时针转动放松调节手柄，使阀关闭，以延长稳压阀寿命。

（5）稳流阀

气相色谱仪进行程序升温操作时，由于色谱柱柱温不断升高引起色谱柱阻力不断增加，将使载气流速发生变化。使用稳流阀可以在气路阻力发生变化时维持载气流速的稳定。

（6）管路连接

气相色谱仪内部的连接管路使用不锈钢管。气源至仪器的连接管路多采用不锈钢管，也可采用成本较低、连接方便的塑料管。连接处使用螺母、压环和“O”形密封圈进行连接。连接管道时，要求既要保证气密性，又不损坏接头。

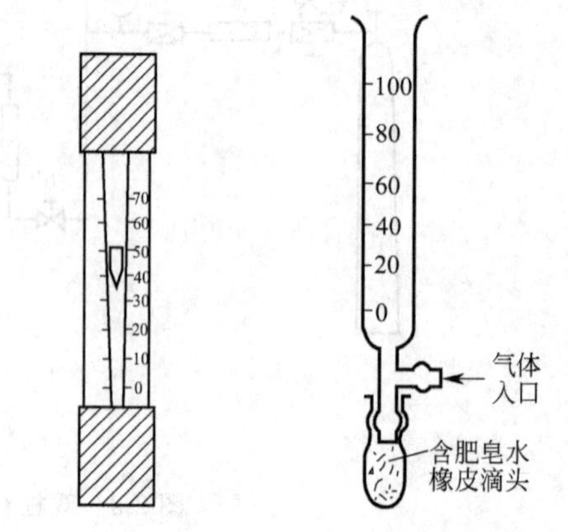

图 2-5　转子流量计　　图 2-6　皂膜流量计

（7）转子流量计、皂膜流量计

载气流量是气相色谱分析的一个重要操作条件。正确选择载气流量，可以提高色谱柱的分离效能，缩短分析时间。气相色谱分析中载气流量一般采用转子流量计（如图 2-5 所示）和皂膜流量计（如图 2-6 所示）测量。

转子流量计由一个上宽下窄的锥形玻璃管和一个能在管内自由旋转的转子组成，当气体自下端进入转子流量计时，转子随气体流动方向而上升，转子上浮高度和气体流量有关，因此根据转子的位置就可以指示气体流速的大小。由于载气入口压力变化、气体种类不同，气体的流速和转子的高度并不成直线关系，转子流量计上的刻度只是气体流量的参考数值。如果需要使用转子流量计准确测定载气流量，就必须先用皂膜流量计对其标定，绘出不同压力、不同气体的体积流速与转子高度的关系曲线图。

皂膜流量计是用于精确测量气体流速的器具。量气管下方有气体进口和橡皮滴头，使用时先向橡皮滴头中注入肥皂水，挤动橡皮滴头就有皂膜进入量气管。当气体自气体进口进入时，顶着皂膜沿着管壁向上移动。用秒表测定皂膜移动一定体积时所需时间，就可以计算出载气体积流速（mL/min），测量精度达 1%。

3. 气路系统辅助设备

（1）高压钢瓶

气体钢瓶是高压容器，气瓶顶部装有瓶阀，瓶阀上装有防护装置（钢瓶帽）。每个气体钢瓶筒体上都套有两个橡皮腰圈，以防振动和撞击。

为了保证安全，各类气体钢瓶都必须定期作耐压检验。

（2）高压气瓶阀和减压阀

高压气瓶顶部装有高压气瓶阀（又称总阀），减压阀装在高压气瓶阀出口，用来将高压气体调节到较小的压力（通常将 1～15MPa 压力减小到 0.1～0.5MPa）。高压气瓶阀与减压阀结构如图 2-7 所示。

使用钢瓶时将减压阀用螺旋套帽装在高压气瓶阀的支管B上（减压阀的功用是使高压气体的压力降低和稳定气体的压力）。使用扳手打开钢瓶总阀A（逆时针方向转动），此时高压气体进入减压阀的高压室，其压力表（0～25MPa）指示气体钢瓶内压力。顺时针方向缓慢转动减压阀上T形阀杆C，使气体进入减压阀低压室，其压力表（0～2.5MPa）指示输出管线中气体压力。不用气时应先关闭气体钢瓶总阀，待压力表指针指向零点后，再将减压阀T形阀杆C沿逆时针方向转动旋松（避免减压阀中的弹簧长时间压缩失灵）关闭。

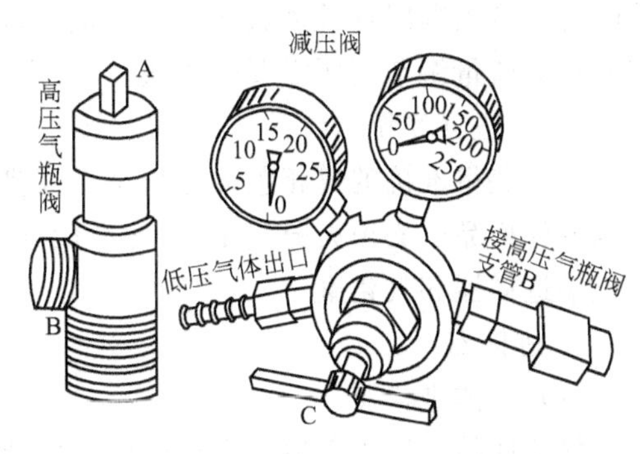

图 2-7　高压气瓶阀和减压阀

实验室常用减压阀有氢气、氧气、乙炔气三种。每种减压阀只能用于规定的气体，如氢气钢瓶选氢气减压阀；氮气、空气钢瓶选氧气减压阀；乙炔钢瓶选乙炔减压阀等。氢气、氧气、乙炔气三种减压阀结构各不相同，以防止混用。打开钢瓶总阀之前应使减压阀处于关闭状态（T形阀杆松开），否则容易损坏减压阀。

（3）无油空气压缩机

气相色谱仪应该配置无油空气压缩机，因其工作时噪声小，排出的气体无油，适合作为分析仪器的气源。

4. 气路系统的日常维护

（1）检漏

气相色谱仪气路不密闭将会使实验现象出现异常，造成基线漂移、数据不准确。用氢气作载气时，氢气若从柱接口漏进恒温箱，可能会发生爆炸事故。所以，气相色谱仪气路要经常认真仔细地进行检漏。

气路检漏常用的方法有两种：一种是皂沫检漏法，即用毛笔蘸上肥皂沫涂在各接头上检漏，若接口处有气泡溢出，则表明该处漏气（注意：接头处如果泄漏严重，有时反而不易观察到气泡溢出）。漏气处应重新拧紧或更换密封垫，直到不漏气为止。检漏完毕应使用干布将皂液擦净。

另一种叫做堵气观察法，即用橡皮塞堵住检测器气体出口处，转子流量计流量为“0”，则表明转子流量计至检测器区间不漏气；反之，若转子流量计流量指示不为“0”，则表明转子流量计至检测器区间漏气，应重新拧紧各接头，直至不漏气为止。

（2）气体管路的清洗

新管路和长时间使用后的金属管需要清洗时，应先用无水乙醇进行清洗，可除去管路内机械性杂质及易被乙醇溶解的有机物和水分。如果根据分析样品过程判定气路内壁可能还有其他不易被乙醇溶解的污染物，可针对具体物质溶解特性选择其他清洗液。选择清洗液的顺序应先使用高沸点溶剂，而后再使用低沸点溶剂浸泡和清洗。可供选择的清洗液有萘烷、*N*,*N*-二甲基酰胺、蒸馏水、甲醇、乙醇、丙酮、乙醚、石油醚、氟里昂等。更彻底的处理方法是用喷灯加热管路并同时用氮气进行吹扫。

（3）稳压阀、稳流阀、针形阀的使用维护

稳压阀、稳流阀不可作开关阀使用；各种阀的进、出气口不能接反。针形阀、稳压阀及稳流阀的调节须缓慢进行。针形阀关断时，应将阀门逆时针转动处于“开”的状态；稳压阀关断时，应当顺时针转动放松调节手柄；调节稳流阀，应当先打开稳流阀的阀针，流量的调节应从大流量调节到所需要的流量。

（三）进样系统

要想获得准确的气相色谱分析结果及良好的数据重现性，就必须将样品定量引入色谱系统（液体样品还必须充分气化），然后用载气将样品快速带入色谱柱，气相色谱仪的进样系统包括进样器和气化室。

1. 进样器

（1）气体进样器

气体样品可以用六通阀进样。根据六通阀结构可分旋转式六通阀（如图 2-8 所示）和推拉式六通阀（如图 2-9 所示）。

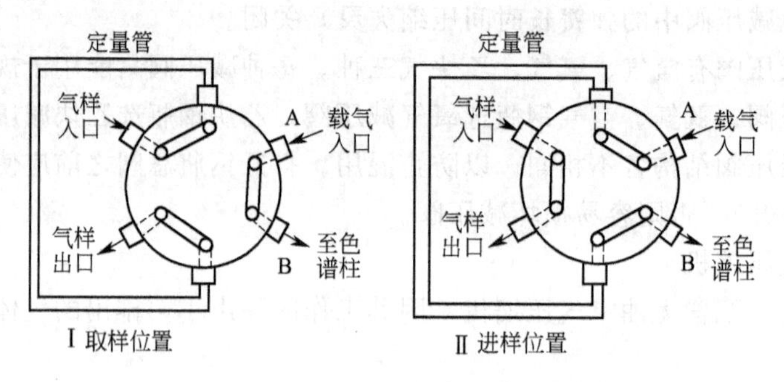

图 2-8 平面六通阀结构，取样和进样位置

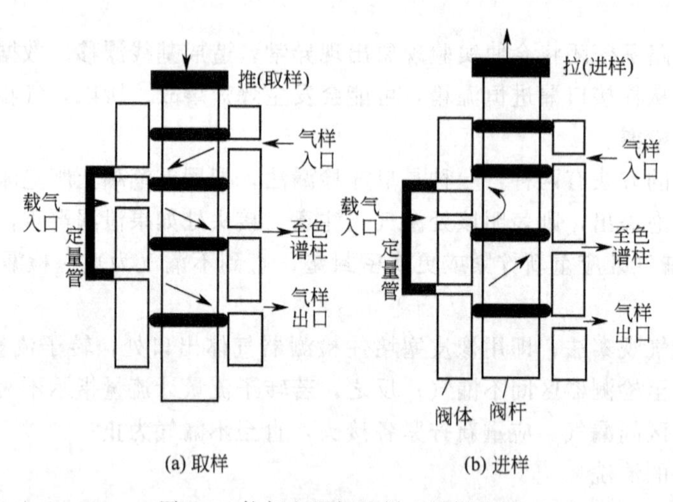

图 2-9 拉杆六通阀取样、进样位置

转式六通阀在取样状态时样气进入定量管，而载气直接由图中 A 到 B。进样状态时，将阀旋转 60°，此时载气由 A 进入，通过定量管，将管中样气带入色谱柱中。定量管有 0.5mL、1mL、3mL、5mL 等规格，进样时，可以根据需要选择合适体积的定量管。

推拉式六通阀主要由阀体和阀杆两部分组成。阀杆推进时完成取样操作；拉出（6cm）时完成进样操作。

气体样品也可以用 0.25～5mL 医用注射器直接量取后由汽化室的进样口注入进样。这种方法简单、灵活，但是误差大、重现性差。

（2）液体样品进样器

① 微量注射器。液体样品采用微量注射器（如图 2-10 所示）直接注入气化室进样。常用的微量注射器有 1μL、5μL、10μL 等容积。实际工作中可根据需要选择合适容积的微量注射器。

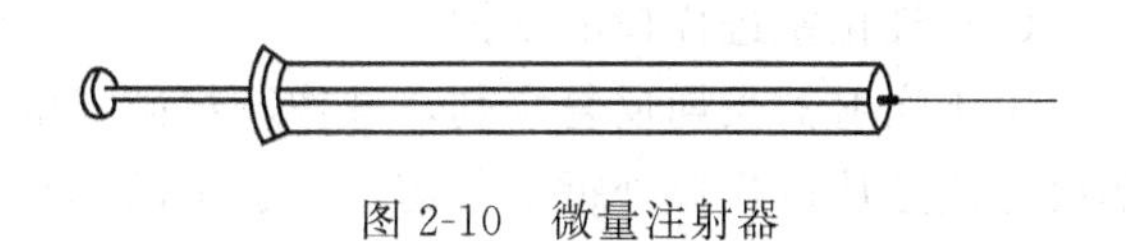

图 2-10　微量注射器

② 气化室。气相色谱分析要求气化室温度要足够高（保证液体样品瞬间气化）。图 2-11 是一种常用的填充柱液体样品进样器，气化室的作用是在电加热器的作用下将液体样品瞬间气化为蒸气。当用微量注射器直接将样品注入气化室时，样品瞬间气化，然后由载气将气化的样品带入色谱柱内进行分离。气化室内不锈钢套管中插入石英玻璃衬管能起到保护色谱柱的作用。进样口使用硅橡胶材料的密封隔垫，其作用是防止漏气。硅橡胶密封隔垫在使用一段时间后会失去密封作用，应注意更换。

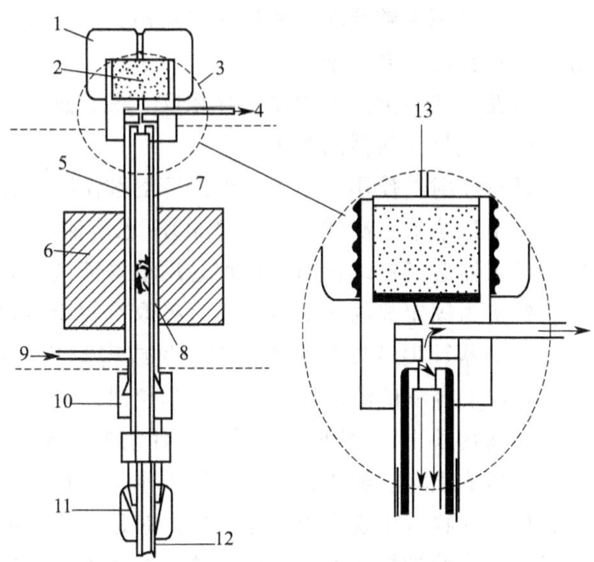

图 2-11　填充柱进样口结构示意

1—固定隔垫的螺母；2—隔垫；3—隔垫吹扫装置；4—隔垫吹扫气出口；5—气化室；6—电加热器；7—玻璃衬管；8—石英玻璃毛；9—载气入口；10—柱连接固定螺母；11—色谱柱固定螺母；12—色谱柱；13—3 的放大图

由于硅橡胶密封隔垫在气化室高温的作用下会发生降解，硅橡胶中不可避免地含有一些残留溶剂或低分子低聚物。这些残留溶剂和降解产物通过色谱柱进入检测器，就可能出现“鬼峰”（即样品之外的物质产生的峰），影响分析。图 2-11 中隔垫吹扫装置可以消除这一现象。

使用毛细管柱时，由于柱内固定相量少，柱容量比填充柱低，为防止色谱柱超负荷，要使用分流进样器。样品在分流进样器中气化后，只有一小部分样品进入毛细管柱，而大部分样品随载气由分流气体出口放空。在分流进样时，进入毛细管柱内的载气流量与放空的载气流量（即进入色谱柱的样品量与放空的样品量）之比称为分流比。毛细管柱分析时使用的分流比一般在 1∶10～1∶100 之间。

除分流进样外，还有冷柱上进样、程序升温汽化进样、大体积进样、顶空进样等进样方式，具体内容可参阅相关专著。

正确选择液体样品的气化温度十分重要，尤其对高沸点和易分解的样品，要求在气化温度下，样品能瞬间气化而不分解。一般仪器的最高气化温度为 350～420℃，有的可达 450℃。大部分气相谱仪应用的气化温度在 400℃以下。

（3）固体样品进样器

固体样品必须先用溶剂溶解后，同液体样品一样用微量注射器进样。对高分子化合物进行色谱分析时，须将少量高聚物放入专用的裂解装置中，经过电加热，高聚物分解、气化，然后由载气将分解的产物带入色谱仪进行分析。

气相色谱仪还可以根据需要配置自动进样器，实现气相色谱分析进样完全自动化，免去了烦琐的人工操作，提高工作效率。

2. 日常维护

(1) 气化室进样口的维护

由于注射器长期反复穿刺，硅橡胶垫破损的颗粒会积聚在管路中造成进样口管道阻塞，解决方法是从进样口处拆下色谱柱，旋下散热片，使用一根细钢丝清除导管和接头部件内的硅橡胶颗粒。

如果气源不够纯净，使进样口玷污，应对进样口清洗，方法是用丙酮和蒸馏水依次清洗导管和接头部件并吹干。

管路安装与拆卸的程序正好相反，最后进行气密性检查。

(2) 微量注射器的维护

微量注射器使用前应先用丙酮等溶剂洗净。注射高沸点黏稠物质后应进行清洗处理（一般常用下述溶液依次清洗：5%NaOH 水溶液、蒸馏水、丙酮、氯仿，最后用真空泵抽干），以免注射器芯子被玷污阻塞；切忌用浓碱液洗涤，以避免玻璃和不锈钢零件受腐蚀而漏水漏气；针尖为固定式的注射器，不宜吸取有较粗悬浮物质的溶液。

注射器针尖经常会被样品中杂质或密封垫的硅橡胶堵塞，可用 ϕ0.1mm 不锈钢丝串通（10μL 以上容积的注射器可以把针芯拉出，在针芯入口处点入少量水，插入针芯快速注射可以把阻塞物顶出）。黏稠样品残留在注射器内部，不得强行来回抽动针芯，以免顶弯或磨损针芯而造成损坏。解决方法是使用丙酮、氯仿等有机溶剂仔细清洗；如发现注射器内有不锈钢金属磨损物（出现发黑现象）使针芯运动不顺畅时，可在不锈钢芯子上蘸少量肥皂水塞入注射器内来回抽拉几次，然后洗清干净即可；注射器的针尖不能用火烧，以免针尖退火失去穿刺能力。

(3) 六通阀的维护

六通阀在使用中须绝对避免带有固体杂质的气体进入六通阀。以免拉动阀杆或转动阀盖时，固体颗粒磨损阀体，造成漏气；六通阀长期使用后，应该按照结构装卸要求拆下进行清洗。

(四) 分离系统

在气相色谱仪中分离系统由柱箱和色谱柱构成。色谱柱是分离系统的关键，其作用是将样品中混杂在一起的多个组分分离开。

1. 柱箱

在分离系统中，柱箱是一个精密的控温箱。柱箱的主要参数是柱箱的控温精度和温度范围。

柱箱的控温精度通常为±0.1℃。

柱箱的控温范围一般在室温～450℃，有些仪器可以进行多阶程序升温控制，能满足色谱优化分离的需要。

2. 色谱柱的类型

色谱柱一般可分为填充柱和毛细管柱。

(1) 填充柱

填充柱长一般在 1～3m，内径一般为 3～4mm。在柱内均匀、紧密填充颗粒状的固定相。依据填充柱内径的不同，填充柱又可分为经典型填充柱、微型填充柱和制备型填充柱。填充柱的柱材料多为不锈钢，其形状有 U 形和螺旋形，使用 U 形柱时柱效较高。

（2）毛细管柱

毛细管柱柱长一般在 25～100m，内径一般为 0.1～0.5mm，柱材料大多用熔融石英，即弹性石英柱。毛细管柱比填充柱的分离效率有很大提高，可解决填充柱难于分离的、复杂样品的分析问题。常用的毛细管柱为涂壁空心柱（WCOT），其内壁直接涂渍固定液。按柱内径的不同，WCOT 可进一步分为微径柱、常规柱和大口径柱。涂壁空心柱的缺点是柱内固定液的涂渍量相对较少，且固定液容易流失。为了尽可能增加柱的内表面积，以增加固定液的涂渍量，出现了涂担体空心柱（SCOT，即内壁上沉积担体后再涂渍固定液的空心柱）和多孔性空心柱（PLOT，即内壁上有吸附剂的空心柱）。其中 SCOT 柱由于制备技术比较复杂，商品柱价格较高，而 PLOT 柱则主要用于永久性气体和低分子量有机化合物的分离分析。表 2-1 列出常用色谱柱的特点和用途。

表 2-1 常用色谱柱的特点和用途

<table>
<tr><th colspan="2">参　数</th><th>柱长/m</th><th>内径/mm</th><th>进样量/ng</th><th>主要用途</th></tr>
<tr><td rowspan="3">填充柱</td><td>经典</td><td rowspan="3">1～5</td><td>2～4</td><td rowspan="3">10～10^6</td><td>分析样品</td></tr>
<tr><td>微型</td><td>≤1</td><td>分析样品</td></tr>
<tr><td>制备</td><td>>4</td><td>制备色谱纯化合物</td></tr>
<tr><td rowspan="3">WCOT</td><td>微径柱</td><td>1～10</td><td>≤0.1</td><td rowspan="3">10～1000</td><td>快速 GC</td></tr>
<tr><td>常规柱</td><td>10～60</td><td>0.2～0.32</td><td>常规分析</td></tr>
<tr><td>大口径柱</td><td>10～50</td><td>0.53～0.75</td><td>定量分析</td></tr>
</table>

3. 色谱柱的维护

使用色谱柱时应注意以下几点。

① 新制备的或新购置的色谱柱使用前必须进行老化。

② 新购置的色谱柱一定要先测试柱性能是否合格，如不合格可以退货或更换新的色谱柱。色谱柱使用一段时间后，柱性能可能会发生下降。当分析结果有问题时，应该用测试标样在一定操作条件下测试色谱柱，并将结果与前一次相同操作条件下测试结果相比较，以确定问题是否出在色谱柱上。每次测试结果都应作为色谱柱数据保存起来。

③ 色谱柱暂时不用时，应将其从仪器上卸下，在柱两端垫上硅橡胶垫后用不锈钢螺母拧紧，以免柱头被污染。

④ 每次关机前都应将柱温降至室温，然后再关电源和载气。若温度过高时切断载气，则空气（氧气）吸入柱内造成固定液氧化和降解。

⑤ 仪器有过温保护功能时，每次新安装了色谱柱都要根据固定液最高使用温度重新设定保护温度（超过此温度时，仪器会自动停止加热并报警），以确保柱温不超过固定液的最高使用温度。柱温超过固定液的最高使用温度将使固定液的流失加速，降低色谱柱的使用寿命。

⑥ 毛细管柱使用一定时间后柱效大幅度降低，可能是两方面原因：其一，可能是固定液流失太多；其二，可能是柱头上吸附了一些高沸点的极性化合物而使色谱柱丧失分离能力，解决方法是在高温下老化色谱柱，用载气将污染物洗脱出来。如果色谱柱性能仍不能恢复，可从仪器上卸下柱子，将柱头截去 10cm 或更长，去掉最容易被污染的柱头后再安装测试，往往能恢复柱性能。如果还是不起作用，可再反复注射溶剂进行清洗，常用的溶剂依次为丙酮、甲苯、乙醇、氯仿和二氯甲烷。每次可进样 5～10μL，这一办法常能奏效。如果色

谱柱性能还不好，就只有卸下柱子，用二氯甲烷或氯仿冲洗，溶剂用量依柱子污染程度而定，一般为20mL左右。如果这一办法仍不起作用，该色谱柱只有作报废处理了。

（五）检测系统

气相色谱检测系统的作用是将经色谱柱分离后依次流出的化学组分的浓度或质量信号转变为电信号。电信号经过专用的数据转换卡输送至计算机，经过色谱工作站处理后显示或记录，并对被分离物质进行定性和定量处理。

（六）温度控制系统

气相色谱操作中需要控制色谱柱、气化室、检测器三部分的温度。温度控制直接影响色谱柱的分离效能、组分的保留值、检测器的灵敏度和稳定性。气相色谱操作温度是非常重要的技术指标。

1. 柱温

气相色谱仪安放色谱柱的恒温箱称为柱箱（层析室）。根据样品中组分分离要求，柱温在室温～450℃间可调。一般要求箱内控制点的控温精度在±(0.1～0.5)℃。恒温箱的温度可使用水银温度计或热电偶测量。

当分析沸点范围很宽、组分较多的样品时，用恒定的柱温很难满足分离要求。此时需要采用程序升温方式来实现组分间分离并缩短分析时间。所谓程序升温就是指在一个样品的分析周期里，色谱柱的温度按事先设定的升温程序，随着分析时间的增加从低温升到高温。起始温度、终点温度、升温速率等参数可调。

程序升温操作过程中柱温逐渐上升，固定液流失增加将引起基线漂移，可采用双柱补偿来消除，也可采用仪器配置的自动补偿装置进行“校准”和“补偿”两步骤来消除。

2. 检测器温度和气化室温度

气相色谱仪检测器和气化室各有独立的恒温调节装置，其温度控制及测量和色谱柱恒温箱类似。气化室温控精度要求不高。不同种类的检测器温控精度要求相差很大。

（七）数据处理系统

早期的气相色谱仪使用记录仪（电子电位差计）记录色谱图，后来出现了色谱数据处理机（单片机），现在绝大多数气相色谱仪是使用计算机进行数据采集和处理，高端仪器还可以通过计算机对气相色谱仪进行实时控制。

计算机实现数据采集和处理的过程是：气相色谱仪通过数据采集卡与计算机连接。在色谱工作站软件控制下，把气相色谱检测器输出的模拟信号转换成数字信号后进行采集、处理和存储，并对采集和存储的数据进行分析校正和定量计算，最后打印出色谱图和分析报告。

一般色谱工作站在数据处理方面的功能有：基线的校正、计算色谱峰参数（包括保留时间、峰高、峰面积、半峰宽等）、色谱峰的识别、重叠峰和畸形峰的解析，定量计算组分含量等。

计算机实现对色谱仪器实时控制的过程是：气相色谱仪通过仪器控制卡与计算机连接。在色谱工作站软件控制下，完成气相色谱仪器一般操作条件的控制。

目前国内市场上已出现多款中文操作界面“色谱工作站”，使用起来较方便，但这类产品只能实现数据采集和处理，并不具备控制仪器的功能。

（八）气相色谱仪的基本操作

不同公司、不同型号的气相色谱仪使用方法上有一定差异，但是基本操作是一致的。

1. 气相色谱仪（氢焰检测器）的基本操作

① 打开载气钢瓶总阀门（高压表指针指示钢瓶内的气压），再顺时针方向打开减压阀门（低压表指针指示输出气压）输入载气（注意气相色谱仪一定要先开载气后开电源），打开仪器上控制载气的针形阀、稳压阀调节适宜流量。

② 打开主机电源总开关。

③ 打开计算机及色谱工作站，输入分析操作条件。加热柱箱、加热气化室、加热氢焰检测器。

④ 柱温升至所设置温度后，稳定约 30min。

⑤ 打开无油空气压缩机电源开关。打开空气压缩机开关阀门、打开空气压缩机稳压阀至适宜值。

⑥ 打开氢气钢瓶总阀门（高压表指针指示钢瓶内的气压），再顺时针方向打开减压阀门（低压表指针指示输出气压）。或打开氢气发生器电源开关、打开气源开关阀门。

⑦ 逆时针方向打开空气针形阀和氢气稳压阀至适宜值，并调节至所需流量（高端仪器由计算机键盘输入空气和氢气流量值，仪器自动完成控制）。

⑧ 打开点火开关，点燃氢火焰。

⑨ 待仪器稳定（基线平直）后，即可进样分析。

⑩ 样品分析完成后，关闭各个加热开关，打开柱箱门（加速降温），当柱温降至室温后（约需 20～30min），按与开机相反步骤关机。

2. 气相色谱仪（热导检测器）的基本操作

① 打开载气钢瓶总阀门输入载气，打开仪器上控制载气的针形阀、稳压阀调节适宜流量。

② 打开主机电源总开关。

③ 打开计算机及色谱工作站，输入分析操作条件。加热柱箱、加热汽化室、加热热导池检测器。

④ 柱温升至所设置温度后，稳定约 30min。

⑤ 设定热导池检测器适宜桥流值。

⑥ 待仪器稳定（基线平直）后，即可进样分析。

⑦ 样品分析完成后，关闭各个加热开关，打开柱箱门（加速降温），当柱温降至室温后（约需 20～30min），按与开机相反步骤关机。

第二节 气相色谱的固定相

气相色谱分析是建立在样品中各组分分离基础上的分析方法。而组分之间的分离是基于组分与固定相作用能力的差异。所以，气相色谱分析选择固定相是气相色谱分析的主要工作之一。

一、固体固定相

使用固体固定相的气相色谱方法称为气固色谱，固定相是固体吸附剂。试样中各种组分气体由载气携带进入色谱柱，与吸附剂接触时，各种组分分子可被吸附剂吸附。随着载气的不断运行，被吸附的组分分子又从固定相中洗脱下来（脱附），脱附下来的组分分子随着载气向前移动时又被前面的固定相吸附。从而，随着载气的流动，组分吸附-脱附的过程反复、多次进行。由于各组分性质的差异，易被吸附的组分，脱附也较难，在柱内移动的速度就会慢，出柱的时间就长；反之，不易被吸附的组分在柱内移动速度快，出柱时间短。所以，由于样品中各组分性质不同，吸附剂对它们的吸附能力不同，造成样品中各组分在色谱柱中运行速度产生差异，经过一定柱长后，性质不同的组分便达到了彼此分离。

固体固定相的选择如下所述。

气固色谱所采用的固定相为固体吸附剂。因此选择气固色谱柱也就是选择固体吸附剂。常用的固体吸附剂主要有强极性硅胶、中等极性氧化铝、非极性活性炭及特殊作用的分子筛，它们主要用于惰性气体和 H_2、O_2、N_2、CO、CO_2、CH_4 等一般气体及低沸点有机化合物的分析。

吸附剂的种类少，应用范围有限。表 2-2 列出几种常用吸附剂的性能和使用方法。

表 2-2　气相色谱法常用吸附剂的性能和使用方法

吸附剂	最高使用温度/℃	极性	分析对象	活 化 方 法
活性炭	＜300	非极性	分离永久性气体及低沸点烃类	先用苯浸泡，在 350℃用水蒸气洗至无浑浊，180℃烘干备用
石墨化炭黑	可＞500	非极性	分离气体及烃类，对高沸点有机化合物峰型对称	先用苯浸泡，在 350℃用水蒸气洗至无浑浊，180℃烘干备用
硅胶	可＞500	氢键	分离永久性气体及低级烃	200～900℃烘烤活化，冷至室温备用
氧化铝	可＞500	极性	分离烃类及有机物异构体	200～1000℃烘烤活化，冷至室温备用
分子筛	＜400	强极性	特别适用于永久性气体和惰性气体的分离	在 300～550℃烘烤活化 3～4h，（超过 600℃分子筛结构破坏、失效）

二、液体固定相

使用液体固定相的气相色谱方法称为气液色谱。即，将液态高沸点有机物（固定液）涂渍在固体支持物（称作担体或载体）上，然后均匀装填在色谱柱中。试样中各种组分气体由载气携带进入色谱柱与固定液接触时，气相中各组分分子可溶解到固定液中。随着载气的运行，被溶解的组分分子又从固定液中挥发出来，随着载气向前移动时又被前面的固定液溶解。随着载气的运行，溶解-挥发的过程反复进行。由于组分分子性质有差异，固定液对它们的溶解能力有所不同。易被溶解的组分，挥发也较难，在柱内移动的速度慢，出柱的时间就长；反之，不易被溶解的组分，挥发快，在柱内移动的速度快，出柱的时间就短。由于样品中各组分性质不同，固定液对它们的溶解能力不同，造成样品中各组分在色谱柱中运行速度的差异，经过一定柱长后，性质不同的组分便出现了彼此分离。

组分被固定相溶解能力可用分配系数衡量，分配系数小的物质先出峰，分配系数大的物质后出峰。组分间分配系数差别越大，则分离越容易，需要的色谱柱长度越短。显然，分配系数相同的组分不能得到分离，色谱峰重合。

气液色谱填充柱中起分离作用的固定相是液体。因此，气-液色谱柱的选择主要就是固定液的选择。

1. 对固定液的要求

① 固定液沸点高。固定液沸点高则在操作柱温下蒸气压低，固定液的流失速度低、色谱柱寿命长。

② 稳定性好。在操作柱温下不分解、不裂解，黏度较低（可以减小液相传质阻力）。

③ 对样品中各种组分有一定溶解度，并且各组分溶解度须有差异，这样色谱柱对样品中各种组分才能有良好的选择性，达到相互分离的目的。

④ 化学稳定性好，在操作柱温度下，不与载气、担体以及待测组分发生不可逆化学反应。

2. 常用固定液的分类

气液色谱使用的固定液种类繁多，已达 1000 多种。为了选择和使用方便，一般按固定液的“极性”大小进行分类。固定液极性是表示含有不同官能团的固定液与分析组分中官能团及亚甲基间相互作用的能力。通常用相对极性（P）的大小来表示。这种表示方法规定：β,β-氧二丙腈的相对极性 $P=100$，角鲨烷的相对极性 $P=0$，其他固定液以此为标准通过实验测出它们的相对极性均在 0～100 之间。通常将相对极性值分为五级，即每 20 个相对单位为一级。相对级性在0～+1 间的为非极性固定液（亦可用“－1”表示非极性）；+2、+3 为中等极性固定液；+4、+5 为强极性固定液。表 2-3 列出了一些常用固定液相对极性数据、最高使用温度和主要分析对象，供使用时选择和参考。

表 2-3 常用固定液

固定液		最高使用温度/℃	常用溶剂	相对极性	分析对象
非极性	十八烷	室温	乙醚	0	低沸点碳氢化合物
	角鲨烷	140	乙醚	0	C_8 以前碳氢化合物
	阿匹松(L. M. N)	300	苯、氯仿	+1	各类高沸点有机化合物
	硅橡胶(SE-30,E-301)	300	丁醇+氯仿(1+1)	+1	各类高沸点有机化合物
中等极性	癸二酸二辛酯	120	甲醇、乙醚	+2	烃、醇、醛酮、酸酯各类有机物
	邻苯二甲酸二壬酯	130	甲醇、乙醚	+2	烃、醇、醛酮、酸酯各类有机物
	磷酸三苯酯	130	苯、氯仿、乙醚	+3	芳烃、酚类异构物、卤化物
	丁二酸二乙二醇酯	200	丙酮、氯仿	+4	
极性	苯乙腈	常温	甲醇	+4	卤代烃、芳烃和 $AgNO_3$ 一起分离烷烯烃
	二甲基甲酰胺	20	氯仿	+4	低沸点碳氢化合物
	有机皂-34	200	甲苯	+4	芳烃、特别对二甲苯异构体有高选择性
	β,β'-氧二丙腈	<100	甲醇、丙酮	+5	分离低级烃、芳烃、含氧有机物
氢键型	甘油	70	甲醇、乙醇	+4	醇和芳烃、对水有强滞留作用
	季戊四醇	150	氯仿+丁醇(1+1)	+4	醇、酯、芳烃
	聚乙二醇-400	100	乙醇、氯仿	+4	极性化合物:醇、酯、醛、腈、芳烃
	聚乙二醇 20M	250	乙醇、氯仿	+4	极性化合物:醇、酯、醛、腈、芳烃

近年来通过大量实验数据，利用电子计算机优选出 12 种“最佳”(并非最好，而是具有较强的代表性）固定液。这 12 种固定液的特点是：在较宽的温度范围内稳定，并占据了固定液的全部极性范围，实验室只需储存少量几种固定液就可以满足大部分分析任务的需要。12 种固定液见表 2-4 所列。

3. 固定液的选择

选择固定液应根据不同的分析对象和分析要求进行。一般可以按照“相似相容”原理进行选择，即按固定液的极性或化学结构与待分离组分相近似的原则来选择，其一般规律如下。

① 分离非极性物质，一般选用非极性固定液。试样中各组分按沸点从低到高的顺序流出色谱柱。

② 分离极性物质，一般按极性强弱来选择相应极性的固定液。试样中各组分一般按极性从小到大的顺序流出色谱柱。

表 2-4　12 种最佳固定液

固定液名称	型　号	相对极性	最高使用温度/℃	溶　剂	分析对象
角鲨烷	SQ	−1	150	乙醚、甲苯	气态烃、轻馏分液态烃
甲基硅油或 甲基硅橡胶	SE-30 OV-101	+1	350 200	氯仿、甲苯	各种高沸点化合物
苯基(10%)甲基聚硅氧烷	OV-3	+1	350	丙酮、苯	
苯基(25%)甲基聚硅氧烷	OV-7	+2	300	丙酮、苯	各种高沸点化合物、对芳香族和极性化合物保留值增大 OV-17＋QF-1 可分析含氯农药
苯基(50%)甲基聚硅氧烷	OV-17	+2	300	丙酮、苯	
苯基(60%)甲基聚硅氧烷	OV-22	+2	300	丙酮、苯	
三氟丙基(50%)甲基聚硅氧烷	QF-1 OV-210	+3	250	氯仿 二氯甲烷	含卤化合物、金属螯合物、甾类
β-氰乙基(25%)甲基聚硅氧烷	XE-60	+3	275	氯仿 二氯甲烷	苯酚、酚醚、芳胺、生物碱、甾类
聚乙二醇	PEG-20M	+4	225	丙酮、氯仿	选择性保留分离含 O、N 官能团及 O、N 杂环化合物
聚己二酸 二乙二醇酯	DEGA	+4	250	丙酮、氯仿	分离 C_1～C_{24}脂肪酸甲酯，甲酚异构体
聚丁二酸 二乙二醇酯	DEGS	+4	220	丙酮、氯仿	分离饱和及不饱和脂肪酸酯，苯二甲酸酯异构体
1,2,3-三(2-氰乙氧基)丙烷	TCEP	+5	175	氯仿、甲醇	选择性保留低级含 O 化合物，伯、仲胺，不饱和烃、环烷烃等

③ 分离非极性和极性混合物时，一般选用极性固定液。这时非极性组分先出峰，极性组分后出峰。

④ 能形成氢键的试样，如醇、酚、胺、水的分离，一般选用氢键型固定液。此时试样中各组分按与固定液分子间形成氢键能力大小的顺序流出色谱柱。

⑤ 对于复杂组分，一般可选用两种或两种以上的固定液配合使用，以增加分离效果。

⑥ 对于含有异构体的试样（主要是含有芳香型异构部分），可以选用具有特殊保留作用的有机皂土或液晶做固定液。

以上是选择固定液的大致原则。由于色谱分离影响因素比较复杂，因此选择固定液还可以参考文献资料、通过实验进行选择。

4. 担体

担体也称作载体，它的作用是提供一个具有较大表面积的惰性表面，使固定液能在它的表面上形成一层薄而均匀的液膜。

(1) 对担体的要求

① 化学惰性好，即无吸附性、无催化性，且热稳定性要好。

② 表面具有多孔结构、孔径分布均匀，即担体比表面积要大，能涂渍更多的固定液又不增加液膜厚度。

③ 担体机械强度高，不易破碎

(2) 担体的分类

担体可分为无机担体和有机聚合物担体两大类。前者应用最为普遍的主要有硅藻土型担体和玻璃微球担体；后者主要包括含氟担体以及其他各种聚合物担体。

① 硅藻土型担体。硅藻土型担体使用的历史最长，应用也最普遍。这类担体是以硅藻土为原料，加入木屑及少量胶黏剂，加热煅烧制成。硅藻土担体是以硅、铝氧化物为主体，以水合无定型氧化硅和少量金属氧化物杂质为骨架。一般分为红色硅藻土担体和白色硅藻土担体两种。它们的表面结构差别很大，红色硅藻土担体表面孔隙密集，孔径较小，表面积大，能负荷较多的固定液。由于结构紧密，所以机械强度较好。常见的红色硅藻土担体有国产的6201担体及国外的C-22火砖和Chromosorb P等。白色硅藻土担体在烧结过程中破坏了大部分的细孔结构，变成了较多松散的烧结物，所以孔径比较粗，表面积小，能负荷的固定液少，机械强度不如红色担体。它的优点是表面吸附作用和催化作用比较小，适用于极性组分分析。常见的白色硅藻土担体有国产的101白色担体、405白色担体，国外的Celite和Chromosorb W担体等。

② 玻璃微球。玻璃微球是一种有规则的颗粒小球。它具有很小的表面积，通常把它看做是非孔性、表面惰性的担体。玻璃微球担体的主要优点是能在较低的柱温下分析高沸点物质，使某些热稳定性差但选择性好的固定液获得应用。缺点是柱负荷量小，只能用于涂渍低配比固定液，而且，柱寿命较短。国产的各种筛目的多孔玻璃微球担体性能很好，可供选择使用。

③ 氟担体。氟担体的特点是吸附性小，耐腐蚀性强，适合于强极性物质和腐蚀性气体的分析。其缺点是表面积较小，机械强度低，对极性固定液的浸润性差，涂渍固定液的量一般不超过5%。

这类担体主要有两种，常用的一种是聚四氟乙烯担体，通常可以在200℃柱温以下使用，主要产品有国外的Hablopart F、Teflon、Chromosorb T等；另一种是聚三氟氯乙烯担体，与前者相比，颗粒比较坚硬，易于填充操作，但表面惰性和热稳定性较差，使用温度不能超过160℃，其主要产品有国外的Halopart K和Ekatlurin、Daiflon Kel-F-300等。

(3) 担体的预处理

理想的担体表面应具备化学惰性，但担体实际上总是呈现出不同程度的吸附活性和催化活性。特别是当固定液的液膜厚度较薄、组分极性较强时，担体对组分有明显的吸附作用，其结果是造成色谱峰严重的不对称。

担体经过处理可以起到改性作用。

① 酸洗担体。可除去担体表面的铁等金属氧化物杂质。酸洗担体可用于分析酸性物和酯类样品。

② 碱洗担体。可以除去担体表面的 Al_2O_3 等酸性作用点。碱洗担体可用于分析胺类碱性物质。

③ 硅烷化担体。担体表面的硅醇和硅醚基团失去氢键力，因而纯化了表面，消除了色谱峰拖尾现象。硅烷化处理后的担体只适于涂渍非极性及弱极性固定液，而且只能在低于270℃柱温下使用。

④ 釉化担体。釉化处理的担体吸附性能低，强度大，可用于分析强极性物质。

市售担体有各种类型，用上述方法处理过的担体都有出售，可根据需要选购。

(4) 担体的选择

选择适当担体能提高柱效，有利于混合物的分离，改善峰型。

选择担体的原则如下所述。

① 固定液用量大于5%时，一般选用硅藻土红色担体或白色担体。若固定液用量小于5%时，一般选用表面处理过的担体。

② 腐蚀性样品可选氟担体；而高沸点组分可选用玻璃微球担体。

③ 担体粒度一般选用60～80目或80～100目；高效柱可选用100～120目。

三、合成固定相

1. GDX——高分子多孔小球

GDX高分子多孔小球（微球）是以苯乙烯等为单体与交联剂二乙烯基苯交联共聚的小球，高分子多孔小球在交联共聚过程中，使用不同的单体或不同的共聚条件，可获得不同极性、不同分离效能的产品。GDX既有吸附剂的性能又有固定液的性能。

高分子多孔小球既可以作为固定相直接使用，也可以作为担体涂上固定液后使用。高分子多孔小球作为固定相对含羟基的化合物具有很低的亲和力。在实际应用中常被用来分析有机物中的微量水。

2. 化学键合固定相

化学键合固定相，又称化学键合多孔微球固定相。这是一种以表面孔径度可人为控制的球形多孔硅胶为基质，利用化学反应方法把固定液键合于担体表面上制成的固定相。

化学键合固定相主要有以下优点：具有良好的热稳定性；适合于作快速分析；对极性组分和非极性组分都能获得对称峰；国外的品种主要有美国Waters公司生产的Durapak系列，国产商品主要有上海试剂一厂的500硅胶系列与天津试剂二厂的HDG系列产品。

第三节　气相色谱检测器

目前气相色谱仪的检测器已有几十种，其中最常用的是热导检测器（TCD）、氢火焰离子化检测器（FID），普及型的仪器大都配有这两种检测器。此外电子捕获检测器（ECD）、火焰光度检测器（FPD）及氮磷检测器（NPD）也是使用得比较多的检测器。

一、热导池检测器

热导池检测器（TCD）是利用被测组分和载气的热导率不同而产生响应的浓度型检测器。

1. 热导检测器结构和工作原理

（1）热导检测器结构

热导池池体用不锈钢或铜制成，内部装有热敏元件铼钨丝，其电阻值随本身温度变化而变化。

热导池检测器有双臂热导池［如图2-12(a)所示］和四臂热导池两种［如图2-12(b)所示］。双臂热导池其中一个通道通过纯载气作为参比池，另一个通道通过样品作为测量池；四臂热导池中，有两臂为参比池，另两臂为测量池。参比池用来消除载气流速波动对检测器信号产生的影响。

（2）测量电桥

热导池检测器中热敏元件电阻值的变化可以通过惠斯通电桥来测量。图2-13为四臂热导池测量电桥。

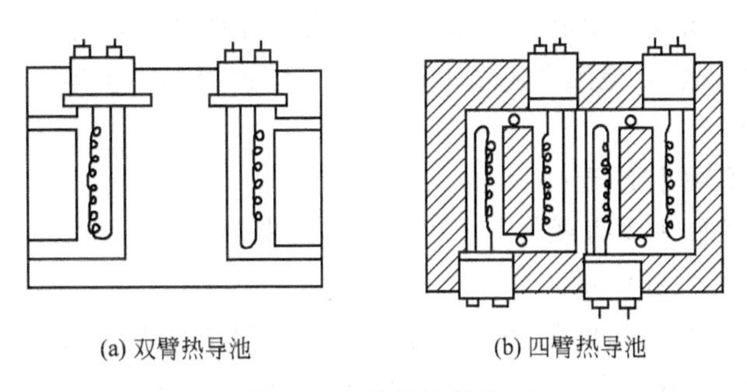

图 2-12　热导池结构

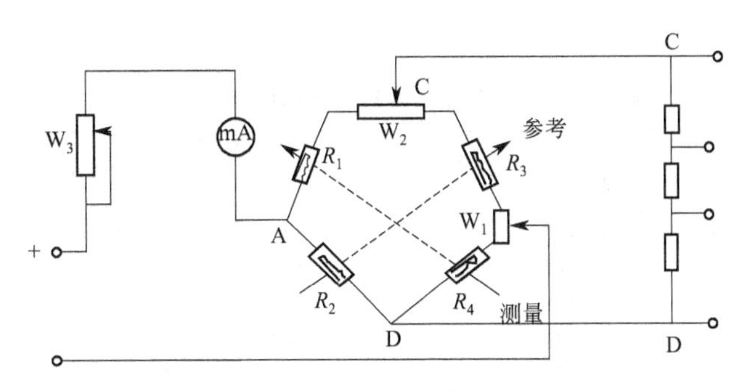

图 2-13　四臂热导池测量电桥

将四臂热导池的四根热丝分别作为电桥的四个臂，四根热丝阻值分别为：R_1、R_2、R_3、R_4。在同一温度下，四根热丝阻值相等，即 $R_1=R_2=R_3=R_4$；其中 R_1 和 R_4 为测量池中热丝，作为电桥测量臂；R_2 和 R_3 为参比池中热丝，作为电桥的参考臂。W_1、W_2、W_3 分别为三个电位器，可用于调节电桥平衡和电桥工作电流（桥流-热丝电流）的大小。

（3）工作原理

热导池检测器的工作原理是基于不同气体具有不同的热导率。热丝具有电阻随温度变化的特性（温度越高电阻越大）。当有一恒定电流通过热导池热丝时，热丝被加热（池内已预先通有恒定流速的纯载气），载气的热传导作用使热丝的一部分热量被载气带走，一部分传给池体。当热丝产生的热量与散失热量达到平衡时，热丝温度就稳定在一定数值上，也就使热丝阻值稳定在一定数值上。当没有进样时，参比池和测量池通过的都是纯载气，热导率相同，热丝温度相同，因此两臂的电阻值相同，电桥平衡，输出端 CD 之间无信号输出，记录系统记录的是一条直线（基线）。

当有试样进入仪器系统时，载气携带着组分蒸气流经测量池，待测组分的热导率和载气的热导率不同，测量池中散热情况发生变化，而参比池中流过的仍然是纯载气，参比池和测量池两池孔中热丝热量损失不同，热丝温度不同，从而使热丝电阻值产生差异使测量电桥失去平衡，电桥输出端 CD 之间有电压信号输出。记录系统绘出相应组分产生的电信号变化（色谱峰）。载气中待测组分的热导率与载气的热导率相差越大、待测组分的浓度愈大，测量池中气体热导率改变就愈显著，热丝温度和电阻值改变也愈显著，输出电压信号就愈强。输出的电压信号（色谱峰面积或峰高）与待测组分和载气的热导率的差值有关，与载气中样品的浓度成正比，这就是热导检测器定量测定的基础。

2．热导检测器的特点

热导检测器对无机物或有机物均有响应（待测组分和载气的热导率有差异即可产生响应），是通用型检测器。热导检测器定量准确，操作维护简单、价廉。主要缺点是灵敏度相对较低。

3. 热导检测器检测条件的选择

热导检测器检测条件主要有载气、桥电流和检测器温度。

（1）载气种类 、纯度和流量

① 载气种类。载气与样品的热导率（导热能力）相差越大，检测器灵敏度越高。由于相对分子质量小的 H_2、He 等导热能力强，而一般气体和有机物蒸气热导率（见表 2-5）较小，所以 TCD 用 H_2 或 He 作载气灵敏度高，线性范围宽。使用 N_2 或 Ar 作载气，因其灵敏度低，线性范围窄。

表 2-5　一些化合物蒸气和气体的相对热导率

化合物	相对热导率 $H_e=100$	化合物	相对热导率 $H_e=100$	化合物	相对热导率 $H_e=100$
氦(He)	100.0	乙炔	16.3	甲烷(CH_4)	26.2
氮(N_2)	18.0	甲醇	13.2	丙烷(C_3H_8)	15.1
空气	18.0	丙酮	10.1	正己烷	12.0
一氧化碳	17.3	四氯化碳	5.3	乙烯	17.8
氨(NH_3)	18.8	二氯甲烷	6.5	苯	10.6
乙烷(C_2H_6)	17.5	氢(H_2)	123.0	乙醇	12.7
正丁烷(C_4H_{10})	13.5	氧(O_2)	18.3	乙酸乙酯	9.8
异丁烷	13.9	氩(Ar)	12.5	氯仿	6.0
环已烷	10.3	二氧化碳(CO_2)	12.7		

② 载气的纯度。载气的纯度也影响 TCD 的灵敏度。实验表明：在桥流 160～200mA 范围内，用 99.999％的超纯氢气比用 99％的普通氢气灵敏度高 6％～13％。此外，长期使用低纯度的载气，载气中的杂质气体会被色谱柱保留，使检测器噪声或漂移增大。所以，在不考虑运行成本的前提下（高纯载气价格通常要高出数倍），建议使用高纯度载气。

③ 载气流速。热导池检测器为浓度型检测器，载气流速波动将导致基线噪声和漂移增大。因此，在检测过程中，载气流速必须保持恒定。参考池的气体流速通常与测量池相等。但在程序升温操作时，参考池之载气流速应调整至基线波动和漂移最小为宜。

（2）电桥工作电流

通常情况下灵敏度 S 与电桥工作电流的三次方成正比。因此，常用增大桥流来提高检测器灵敏度。但是，桥流增加，噪声也将随之增大。并且，桥流越高热丝越易被氧化，使用寿命越短。所以，在灵敏度满足分析要求的前提下，应选取较低的桥电流，以使检测器噪声小、热丝寿命长。一般商品 TCD 均有不同检测器温度下推荐使用的桥电流值，实际工作中可参考设置。

（3）检测器温度

热导检测器的灵敏度与热丝和池体间的温差成正比。实际操作中，增大温差有两个途径：一是提高桥流，以提高热丝温度。但噪声随之增大，热丝使用寿命短，所以热丝温度不能过高；二是降低检测器池体温度，但检测器池体温度不能太低，以保证样品中的各种组分及色谱柱流失的固定液在检测器中不发生冷凝造成污染。使用气固色谱对永久性气体进行分析，降低池体温度可大大提高灵敏度。

4. 热导检测器的应用

热导检测器是一种通用的非破坏型浓度型检测器，是实际工作中应用最多的气相色谱检测器之一。适用于氢火焰离子化检测器不能直接检测的无机气体的分析。TCD在检测过程中不破坏被检测的组分，有利于样品的收集或与其他分析仪器联用。工业生产中需要在线监测，要求检测器长期稳定运行，而TCD是所有气相色谱检测器中最适于在线监测的检测器。

5. 热导池检测器的维护

(1) 使用注意事项

① 尽量采用高纯载气，载气中应无腐蚀性物质、机械性杂质或其他污染物。

② 未通载气严禁加载桥电流。因为热导池中没有气流通过，热丝温度急剧升高会烧断热丝。载气至少通入10min，先将气路中的空气置换完全后，方可通电，以防热丝元件氧化。

③ 根据载气的种类，桥电流不允许超过额定值。不同品牌的TCD桥电流额定值有所不同，可参照仪器说明书。如某品牌TCD载气用氮气时，桥电流应低于150mA；载气用氢气时，桥电流则应低于270mA。

④ 检测器不允许有剧烈振动，以防热丝振断。

(2) 热导池检测器的清洗

热导池检测器长时间使用或被玷污后，必须进行清洗。方法是将丙酮、乙醚、十氢萘等溶剂装满检测器的测量池，浸泡一段时间（20min左右）后倾出，如此反复进行多次，直至所倾出的溶液非常干净为止。

当选用一种溶剂不能洗净时，可根据污染物的性质先选用高沸点溶剂进行浸泡清洗，然后再用低沸点溶剂反复清洗。洗净后加热使溶剂挥发，冷却至室温后，装到仪器上，然后加热检测器，通载气数小时后即可使用。

二、氢火焰离子化检测器

氢火焰离子化检测器（FID）是气相色谱检测器中使用最广泛的一种，是质量型检测器。

1. 氢火焰检测器结构和工作原理

(1) 氢火焰检测器的结构

氢火焰离子化检测器的结构示意如图2-14所示。氢火焰离子化检测器是由离子室、火焰喷嘴、极化极和收集极、点火线圈等的主要部件组成。离子室由不锈钢制成，包括气体入口、出口。极化极为铂丝做成的圆环，安装在喷嘴上端。收集极是金属圆筒，位于极化极上方。以收集极作负极、极化极作正极，收集极和极化极间施加一定的直流电压（通常可在150～300V之间调节）构成一个电场。FID载气一般用氮气，氢气用做燃气，分别由气体入口处引入，调节载气和燃气的流量使其以适宜比例混合后由喷嘴喷出。用压缩空气作为助燃气引入离子室，提供氧气，使用点火装置点燃后，在喷嘴上方形成氢火焰。

(2) FID工作原理

当没有样品从色谱柱后流出时，载气中的有机杂质和流失的固定液进入检测器，在氢火焰作用下发生化学电离（载气不被电离），生成正、负离子和电子。在电场作用下，正离子移向收集极（负极），负离子和电子移向极化极（正极），形成微电流，流经输入电阻R_1时，在其两端产生电压信号E。经过微电流放大器放大后形成基流，仪器在稳定的工作状态

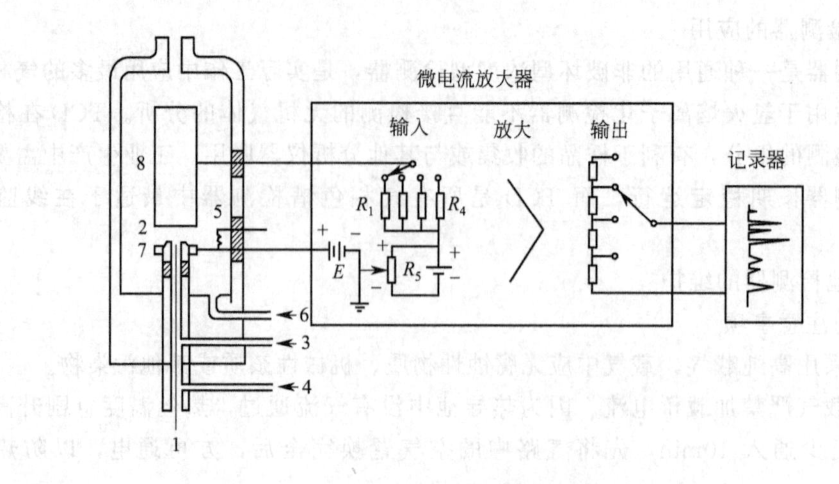

图 2-14 氢火焰离子化检测器结构示意

1—毛细管柱；2—喷嘴；3—氢气入口；4—尾吹气入口；5—点火灯丝；6—空气入口；7—极化极；8—收集极

下，载气流速、柱温等条件不变，则基流应该稳定不变。

分析过程中，基流越小越好，但不会为零。仪器设计上通过调节 R_5 产生反方向的补偿电压来使流经输入电阻的基流降至“零”——“基流补偿”。一般在进样前需使用仪器上的基流补偿调节装置将色谱图的基线调至零位。进样后，载气携带分离后的组分从柱后流出，氢火焰中增加了组分电离后产生的正、负离子和电子，从而使电路中的微电流显著增大——组分产生的信号。该信号的大小与进入火焰中组分的性质、质量成正比，这便是 FID 的定量依据。

2. 氢火焰检测器的特点

FID 的特点是灵敏度高（比 TCD 的灵敏度高约 10^3 倍）、检出限低（可达 10^{-12}g/s）、线性范围宽（可达 10^7）。FID 结构简单，既可以用于填充柱，也可以用于毛细管柱。FID 对能在火焰中燃烧电离的有机化合物都有响应，是目前应用最为广泛的气相色谱检测器之一。FID 的主要缺点是不能检测永久性气体、水、一氧化碳、二氧化碳、氮的氧化物、硫化氢等物质。

3. 检测条件的选择

FID 需要选择的操作条件主要有：载气种类和载气流速；载气与氢气的流量比、氢气与空气的流量比；柱温、气化室温度和检测室温度；极化电压。

(1) 载气的种类、流速

FID 可以使用 N_2、Ar、H_2、He 作为载气。使用 N_2、Ar 作载气灵敏度高、线性范围宽，N_2 价格较 Ar 低很多，所以 N_2 是最常用的载气。

载气流速须根据色谱柱分离的要求和提高分析速度进行调节。

(2) 氮氢比

使用 N_2 做载气较 H_2 做载气灵敏度高。为了使 FID 灵敏度较高，氮氢比控制在 1∶1 左右（为了较易点燃氢火焰，点火时可加大 H_2 流量）。增大氢气流速，氮氢比下降至 0.5 左右，灵敏度将会有所降低，但可使线性范围得到提高。

(3) 空气流速

空气是 H_2 的助燃气，为火焰燃烧和电离反应提供必要的氧，同时把燃烧产生的 CO_2、

H_2O等产物带出检测器。空气流速通常为氢气流速的10倍左右。流速过小，氧气供应量不足，灵敏度较低；流速过大，扰动火焰，噪声增大。一般空气流量选择在300～500mL/min之间。

（4）气体纯度

常量分析时，载气、氢气和空气纯度在99.9%以上即可。作痕量分析时，一般要求3种气体的纯度达到99.999%以上，空气中总烃含量应小于0.1μL/L。

（5）FID温度

FID对温度变化不敏感。但在FID内部，氢气燃烧产生大量水蒸气，若检测器温度低于80℃，水蒸气将在检测器中冷凝成水，减小灵敏度，增加噪声。所以，要求FID检测器温度必须在120℃以上。

（6）极化电压

极化电压会影响FID的灵敏度。当极化电压较低时，随着极化电压的增加灵敏度迅速增大。当电压超过一定值时，极化电压增加对灵敏度的增大没有明显的影响。正常操作时，极化电压一般为150～300V。

4. FID的使用与维护

（1）使用注意事项

① 尽可能采用高纯气体，压缩空气必须经过5A分子筛净化。

② 为了使FID的灵敏度高、工作稳定，应在最佳N_2/H_2比及最佳空气流速条件下使用。

③ FID长期使用后喷嘴有可能发生堵塞，造成火焰燃烧不稳定、漂移和噪声增大。实际使用中应经常对喷嘴进行清洗。

（2）FID的清洗

当FID漂移和噪声增大时，原因之一可能是检测器被污染。解决方法是将色谱柱卸下，用一根不锈钢空管将进样口与检测器连接起来。通载气将检测器恒温箱升至120℃以上后，从进样口注入约20μL蒸馏水，再用几十微升丙酮或氟里昂溶剂进行清洗。清洗后在此温度下运行1～2h，基线如果平直说明清洗效果良好。若基线还不理想，说明简单清洗已不能奏效，必须将FID卸下进行清洗。具体方法是：从仪器上卸下FID，灌入适当溶剂（如1∶1甲醇-苯、丙酮、无水乙醇等）浸泡（注意切勿用卤代烃溶剂如氯仿、二氯甲烷等浸泡，以免与卸下零件中的聚四氟乙烯材料作用，导致噪声增加），最好用超声清洗机清洗。最后用乙醇清洗后置于烘箱中烘干。清洗工作完成后将FID装入仪器要先通载气30min，再在120℃的温度下保持数小时，然后点火升至工作温度。

5. 氢火焰检测器的应用

由于FID具有灵敏度高、线性范围宽、工作稳定等优点，被广泛应用于化学、化工、药物、农药、法医鉴定、食品和环境科学等诸多领域。由于FID灵敏度高，还特别适合作样品的痕量分析。

三、电子捕获检测器

电子捕获检测器（ECD）是一种具有选择性的高灵敏度检测器，其应用仅次于热导检测器和氢焰检测器。ECD仅对具有电负性的组分，如含有卤素、硫、磷、氧、氮等的组分有响应，组分的电负性愈强，检测器的灵敏度愈高。所以ECD特别适用于分析多卤化物、多环芳烃、金属离子的有机螯合物，还广泛应用于农药、大气及水质污染的检测。

1. 电子捕获检测器结构和工作原理

(1) 电子捕获检测器结构

电子捕获检测器的结构如图 2-15 所示。电子捕获检测器的主体是电离室，离子室内装有^{63}Niβ 射线放射源。阳极是外径约 2mm 的铜管或不锈钢管，金属池体作为阴极。在阴极和阳极间施加一个直流或脉冲极化电压。

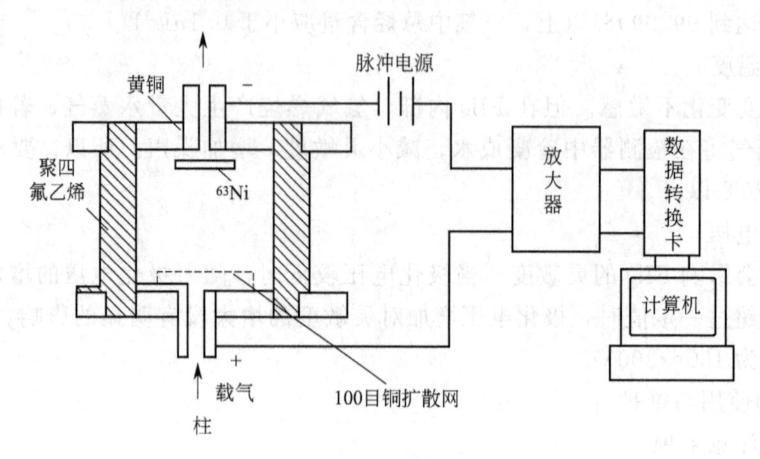

图 2-15 ECD 的结构示意

(2) 电子捕获检测器检测原理

当载气 N_2（或 Ar）以恒定流速进入检测器时，放射源放射出的β射线，使载气电离，产生正离子及电子：

$$N_2 \xrightarrow{\beta射线} N_2^+ + e$$

正离子及电子在电场力的作用下向阴极和阳极定向流动，形成约为 10^{-8} A 的离子流——检测器基流。

当电负性物质 AB 进入离子室时，可以捕获电子形成负离子。电子捕获反应如下：

$$AB + e \longrightarrow AB^-$$

电子捕获反应中生成的负离子 AB^- 与载气的正离子 N_2^+ 复合生成中性分子。反应式为：

$$AB^- + N_2^+ \longrightarrow N_2 + AB$$

由于电负性物质捕获电子和正负离子的复合，使阴、阳极间电子数目和离子数目减少，导致基流降低，即产生了样品的检测信号。

2. 电子捕获检测器操作条件的选择

(1) 载气和载气流速

电子捕获检测器可以使用 N_2 或 Ar 作载气，最常采用 N_2 作载气。应该选择高纯度载气和尾吹气❶，载气及尾吹气的纯度应大于 99.999%，载气必须彻底除去水和氧气。

当载气流速较低时，增加载气流速，基流随之增大。当 N_2 达到 100mL/min 左右时，基流最大，检测器灵敏度高。但载气流速达到 100mL/min 左右时色谱柱分离效果将受到影

❶ 尾吹气是从色谱柱出口直接引入检测器的一路气体，以保证检测器在高灵敏度状态下工作。毛细管柱内载气流量太低（常规为 1～3mL/min），不能满足检测器的最佳操作条件（一般检测器要求 20mL/min 的载气流量），故毛细管柱大多采用尾吹气。尾吹气的另一个重要作用是消除检测器死体积引起的柱外效应，经分离的化合物流出色谱柱后，可能由于管道容积的增大而出现体积膨胀，导致流速缓慢，从而引起色谱峰变宽。

响，为了解决这一矛盾，通常采用在柱与检测器间引入补充 N_2 来解决。

（2）ECD的使用温度

电子捕获检测器的使用温度应该保证样品中的各种组分及色谱柱流失的固定液在检测器中不发生冷凝（检测器温度必须高于柱温10℃以上）。采用^{63}Ni作放射源时，检测器最高使用温度可达400℃；当采用^{3}H作放射源时，检测器温度不能高于220℃。

（3）极化电压

ECD极化电压对基流和响应值都有影响，选择饱和基流值85%时的极化电压为最佳极化电压。直流供电型的ECD，极化电压为20～40V；脉冲供电型的ECD，极化电压为30～50V。

（4）使用安全

ECD中安装有^{63}Ni放射源，使用中必须严格执行放射源使用、存放管理条例，比如，至少6个月应测试有无放射性泄漏。拆卸、清洗应由专业人员进行。尾气必须排放到室外，严禁检测器超温。

3．检测器被污染后的净化

若ECD噪声增大、信噪比下降、基线漂移变大、线性范围变小、甚至出负峰，则表明ECD可能已被污染，必须要进行净化处理。常用的净化方法是“氢烘烤”法。具体操作方法是将气化室和柱温设定为室温，载气和尾吹气换成 H_2，调流速至30～40mL/min，采用^{63}Ni作放射源时将检测器温度设定为300～350℃，保持18～24h，使污染物在高温下与氢发生化学反应而被除去。

4．ECD特点及应用

虽然ECD的线性范围较窄，仅有10^{4}左右，但由于其灵敏度高、选择性强，仍然得到了广泛应用。ECD只对具有电负性的物质，如含S、P、卤素的化合物、金属有机物及含羰基、硝基、共轭双键的化合物有响应；而对电负性很小的化合物，如烃类化合物，只有很小或没有输出信号。ECD对电负性大的物质检测限可达10^{-12}～10^{-14}g，所以特别适合于分析痕量电负性化合物。

四、火焰光度检测器

火焰光度检测器（FPD）是一种高灵敏度和高选择性的检测器，对含有硫、磷的化合物有较高的选择性和灵敏度，常用于分析含硫、磷的农药及环境监测中分析含微量硫、磷的有机污染物。

FPD测磷的检测限可达0.9pg/s（P），线性范围大于10^{6}；测硫的检测限可达20pg/s（S），线性范围大于10^{5}。

1．火焰光度检测器的结构和工作原理

（1）火焰光度检测器结构

FPD由氢焰部分和光度部分构成。氢焰部分包括喷嘴、遮风槽等。光度部分包括石英窗、滤光片和光电倍增管，如图2-16所示。组分被色谱柱分离后，先与过量的燃气（氢气）混合后由检测器下部进入喷嘴，在空气中的氧气助燃下点燃后产生明亮、稳定的富氢火焰。硫、磷燃烧产生的特征光通过石英窗口、滤光片（含硫组分用394nm滤光片，含磷组分用526nm滤光片），然后经光电倍增管转换为电信号后由计算机处理。

（2）FPD工作原理

含硫或含磷的化合物在火焰中燃烧时，硫、磷被激发而发射出特征波长的光谱。当含硫

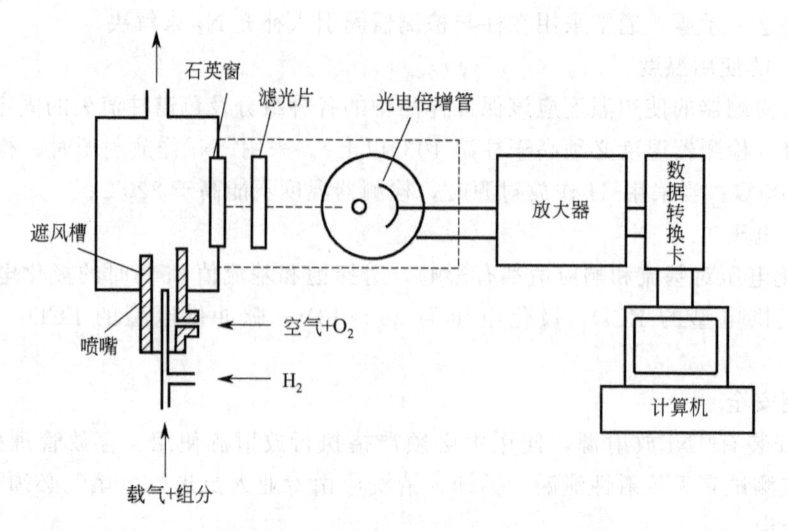

图 2-16　FPD结构示意

化合物进入富氢火焰后，在火焰高温作用下形成激发态的 S_2^* 分子，激发态的 S_2^* 分子回到基态时发射出蓝紫色光（波长 350～430nm，最大强度对应的波长为 394nm)；当含磷化合物进入富氢火焰后，在火焰高温作用下形成激发态的 HPO^* 分子，激发态的 HPO^* 分子回到基态时发射出绿色特征光（波长为 480～560nm，最大强度对应的波长为 526nm)。特征光的光强度与被测组分的含量成正比。

2. 操作条件的选择

影响 FPD 响应值的主要因素是气体流速、检测器温度和样品浓度等。

(1) 气体流速的选择

FPD 操作中需要使用 3 种气体：载气、氢气和空气。

使用 FPD 最好用 H_2 作载气，其次是 He，最好不用 N_2。这是因为用 N_2 作载气时，FPD 对 S 的响应值随 N_2 流速的增加而减小。H_2作载气在相当大范围内响应值随 H_2 流速增加而增大。因此，最佳载气流速应通过实验来确定。

O_2/H_2 比决定了火焰的性质和温度，从而影响 FPD 灵敏度，是最关键影响因素。实际工作中应根据被测组分性质，参照仪器说明书，通过实际确定最佳 O_2/H_2 比。

(2) 检测器温度的选择

FPD检测硫时灵敏度随检测器温度升高而减小，而检测磷时灵敏度基本上不受检测器温度影响。实际操作中，检测器的操作温度应大于 100℃，以防 H_2 燃烧生成的水蒸气在检测器中冷凝而增大噪声。

五、检测器性能指标

检测器种类繁多，结构、原理、适用范围各不相同。各种检测器的优劣不能简单地进行比较。但是，通过检测器的一些通用技术指标，可以对检测器性能做出一定评价。

1. 噪声和漂移

在只有纯载气进入检测器的情况下，仅由于检测仪器本身及其他操作条件（如色谱柱内固定液的流失；橡胶隔垫内杂质挥发，载气、温度、电压的波动，漏气等因素）使基线在短时间内发生起伏变化的信号，称为噪声（N)，单位用毫伏表示。噪声是仪器的本底信号。基线在一定时间内对起点产生的偏离，称为漂移（M)，单位用毫伏/小时表示，图 2-17 描述的是噪声与漂移的关系。检测器噪声与漂移越小越好，噪声与漂移小表明检测器工作稳定。

2. 线性与线性范围

检测器的线性是指检测器内载气中组分浓度或质量与响应信号成正比的关系。线性范围是指被测物质的质量与检测器响应信号呈线性关系的范围，以线性范围内最大进样量与最小进样量的比值表示。检测器的线性范围越宽所允许的进样量范围就越大。

3. 检测器的灵敏度

气相色谱检测器的灵敏度（S）是指某物质通过检测器时质量的变化率引起检测器响应值的变化率。即

$$S=\frac{\Delta R}{\Delta Q}$$

式中，ΔR 是检测器响应值的变化；ΔQ 是组分的浓度变化或质量变化。

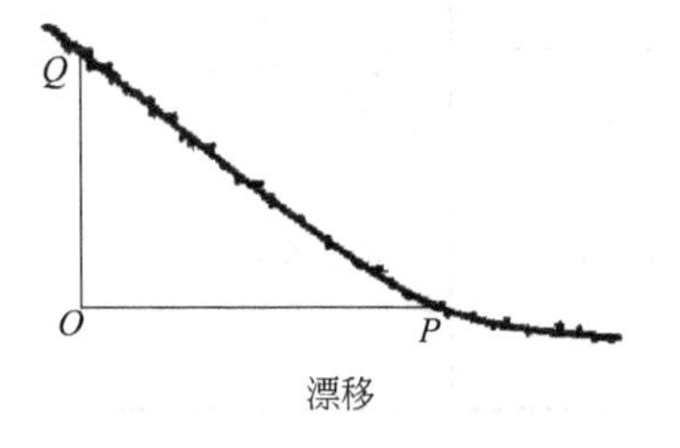

图 2-17　噪声与漂移的关系

检测器灵敏度越高检测器检测组分的浓度或质量下限越低，但是检测器噪声往往也较大。

4. 检测器的检测限

当待测组分的量非常小时在检测器上产生的信号会非常小，原则上通过放大器多级放大（提高检测器灵敏度）最终也能将其检测出来，但在实际操作中是行不通的。因为没有考虑到仪器噪声的影响。放大器放大组分信号的同时噪声信号也同时会被放大，组分信号太小则会被噪声信号掩盖。

通常将产生两倍噪声信号时，单位体积载气中或单位时间内进入检测器的组分量称为检测限 D（亦称敏感度），其定义可用下式表示：

$$D=\frac{2N}{S}$$

灵敏度和检测限是从两个不同方面衡量检测器对物质敏感程度的指标。灵敏度越大，检测限越小，则表明检测器性能越好。

表 2-6 列出了商品检测器中性能较好的几种常用检测器的特点和技术指标。

表 2-6　常用气相色谱仪检测器的特点和技术指标

检测器	类型	最高操作温度/℃	最低检测限	线性范围	主要用途
火焰离子化检测器(FID)	质量型，准通用型	450	丙烷：<5pg/s 碳	10^7 (±10%)	各种有机化合物的分析，对碳氢化合物的灵敏度高
热导检测器(TCD)	浓度型，通用型	400	丙烷：<400pg/mL；壬烷：20000mV · mL/mg	10^5 (±5%)	适用于各种无机气体和有机物的分析，多用于永久气体的分析
电子俘获检测器(ECD)	浓度型，选择型	400	六氯苯：<0.04pg/s	>10^4	适合分析含电负性元素或基团的有机化合物，多用于分析含卤素化合物

续表

检测器	类型	最高操作温度/℃	最低检测限	线性范围	主要用途
微型 ECD	质量型，选择型	400	六氯苯：<0.008pg/s	>5×10⁴	同 ECD
氮磷检测器（NPD）	质量型，选择型	400	用偶氮苯和马拉硫磷的混合物测定：<0.4pg/s 氮；<0.2pg/s 磷	>10⁵	适合于含氮和含磷化合物的分析
火焰光度检测器(FPD)	浓度型，选择型	250	用十二烷硫醇和三丁基膦酸酯混合物测定：<20pg/s 硫；<0.9pg/s 磷	硫：>10⁵ 磷：>10⁶	适合于含硫、含磷和含氮化合物的分析
脉冲 FPD(PFPD)	浓度型，选择型	400	对硫磷：<0.1pg/s 磷；对硫磷：<1pg/s 硫；硝基苯：<10pg/s 氮	磷：10⁵ 硫：10³ 氮：10²	同 FPD

第四节　分离操作条件的选择

固定相确定后，对于一个分析项目，主要任务是选择最佳分离操作条件，实现试样中组分间的分离。

一、载气及其线速的选择

1. 载气种类的选择

作为气相色谱载气的气体，要求要化学稳定性好、纯度高、价格便宜并易取得、能适合于所用的检测器。常用的载气有氢气、氮气、氦气等。其中氢气和氮气价格便宜，性质良好，是气相色谱分析最常用的载气。

（1）氢气

氢气具有相对分子质量小、热导率大、黏度小等特点，在使用 TCD 时常被用做载气。在 FID 中它是必用的燃气。氢气的来源除氢气高压钢瓶外，还可以采用氢气发生器。氢气易燃易爆，使用时应特别注意安全。

（2）氮气

由于氮气的扩散系数小，柱效比较高，除 TCD 外（在 TCD 中用的较少，主要因为氮气热导率小、灵敏度低），在其他形式的检测器中，多采用氮气作载气。

（3）氦气

氦气从气体性质上看，与氢气性质接近，且具有安全性高的优点。但由于其价格较高，使用不普遍。

载气种类的选择首先要考虑使用何种检测器。比如使用 TCD，选用氢或氦作载气，能提高灵敏度；使用 FID 则选用氮气作载气。然后再考虑所选的载气要有利于提高柱效能和分析速度。例如选用摩尔质量大的载气（如 N_2）可以提高柱效能。

2. 载气线速的选择

载气线速 $u=L$（柱长）$/t_M$（死时间）。

由速率理论方程式可以看出，分子扩散项与载气流速成反比，而传质阻力项与流速成正比，所以必然有一个最佳流速使板高 H 最小、柱效能最高。

最佳流速一般通过实验来选择。其方法是：选择好色谱柱和柱温后，固定其他实验条件，依次改变载气流速，将一定量标准物质注入色谱仪，出峰后，分别测出在不同载气流速下，该标准物质的保留时间和峰底宽。并计算出不同流速下的有效理论塔板数值（$H_{有效}$）。以载气线速度 u 为横坐标、板高 H 为纵坐标、绘制出 H-u 曲线（如图 2-18 所示）。

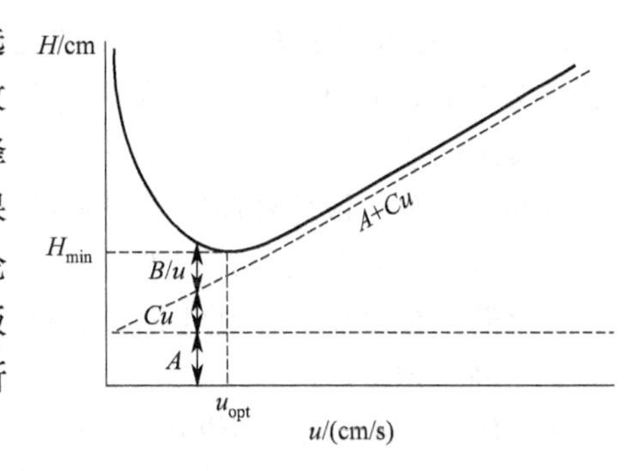

图 2-18　塔板高度 H 与载气流速 u 的关系

图 2-18 中曲线最低点处对应的塔板高度最小，因此对应的载气流速称为最佳载气流速 u_{opt}。在最佳载气流速下操作虽然柱效最高，但分析速度慢。因此实际工作中，为了加快分析速度，同时又不明显增加塔板高度的情况下，一般采用比 $u_{最佳}$ 稍大的载气流速进行操作。一般填充色谱柱（内径 3～4mm）常用流速为 20～100mL/min。

二、柱温的选择

柱温是气相色谱的重要操作条件，柱温直接影响色谱柱的选择性、柱效能、分析速度和柱的使用寿命。柱温低有利于分配，有利于组分之间的分离。但柱温过低，组分保留时间长、被测组分可能在柱中冷凝、传质阻力增加、使色谱峰扩张，甚至造成色谱峰拖尾。柱温高，组分保留时间短、分析速度快、有利于传质。但各个组分在固定液中的分配差异变小，不利于组分之间的分离。

柱温一般选各组分沸点平均温度或稍低于各组分沸点平均温度。表 2-7 列出了各类组分适宜的柱温和固定液配比，以供选择参考。

表 2-7　各类组分适宜的柱温和固定液配比

样品沸点/℃	固定液配比/%	柱温/℃
气体、气态烃、低沸点化合物	15～25	室温或<50
100～200 的混合物	10～15	100～150
200～300 的混合物	5～10	150～200
300～400 的混合物	<3	200～250

一般通过实验选择最佳柱温。柱温的选择原则是：既使样品中各个组分分离满足定性、定量分析要求，又不使峰形扩张、拖尾。

当被分析样品组成复杂、组分的沸点范围很宽时，用某一恒定柱温操作往往造成低沸点组分分离不好，而高沸点组分保留时间很长、峰形扁平。此时柱温可以采用程序升温操作，即柱温由低到高逐渐变化。柱温较低时可以使低沸点组分获得满意的分离效果，柱温升高后高沸点组分获得较高柱效，峰型变好。

在选择、设定柱温时还必须注意：柱温不能高于固定液最高使用温度，否则固定液短时间内大量挥发流失，致使色谱柱寿命降低甚至报废。

三、进样量和进样时间

1. 进样量

在进行气相色谱分析时，进样量要适当。若进样量过大超过柱容量，将致使色谱峰峰形不对称程度增加、峰变宽、分离度变小、保留值发生变化。峰高和峰面积与进样量不成线性关系，无法定量。若进样量太小，又会因检测器灵敏度不够，不能准确检出。一般对于内径

3～4mm、固定液用量为3%～15%的色谱柱，检测器为TCD时液体进样量为0.1～10μL；检测器为FID时进样量一般不大于1μL。

2. 进样时间

气相色谱分析液体样品时，要求进样全过程快速、准确。这样可以使液体样品在气化室气化后被载气稀释程度小，以浓缩状态进入柱内，从而使色谱峰的原始宽度窄，有利于分离；反之若进样缓慢，样品气化后被载气稀释较严重，使峰形变宽，并且不对称，既不利于分离也不利于定量。

为了保证色谱峰的峰型锐利、对称，使分析结果重现性较好，进样时应注意以下操作要点。

① 使用微量注射器吸取液体样品时，应先用丙酮或乙醚抽洗5～6次后，再用试液抽洗5～6次，然后缓慢抽取（抽取过快针管内容易吸入气泡）一定量试液（稍多于需要量），如有气泡吸入，排除气泡后，再排去过量的试液。

② 取样后应立即进样。进样时应使注射器针尖垂直于进样口。左手把持针尖以防弯曲，并辅助用力（左手不要触碰进样口，以防烫伤）。右手握住注射器（如图2-19所示），刺穿硅橡胶垫，快速、准确地推进针杆（针尖不要碰到汽化室内壁，针尖应扎到底）。用右手食指轻巧、迅速地将样品注入（沿注射器轴线方向用力，以防把注射器柱塞杆压弯），注射完成后立即拔出注射器。

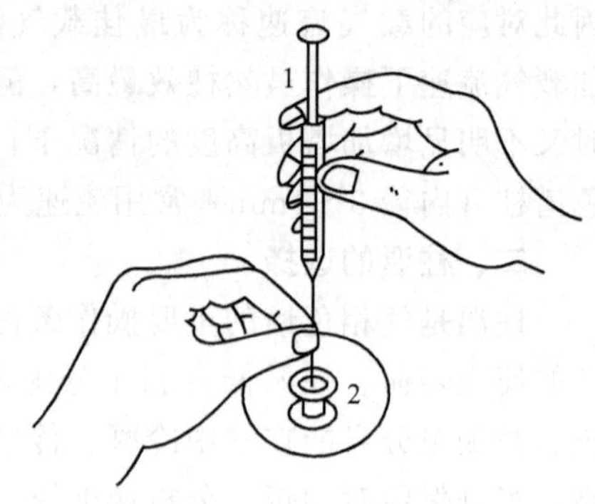

图2-19　微量注射器进样姿势

1—微量注射器；2—进样口

③ 进样时针尖穿刺速度、样品注入速度、针尖拔出速度应该快速、一致；否则会影响进样的重现性。

④ 气化室温度的选择。适宜的气化室温度既能保证样品迅速气化，又不引起样品分解。一般气化室温度设定为比柱温高30～70℃或比样品中组分最高沸点高30～50℃。气化室温度是否适宜，可通过实验来检验。检验方法是：在不同气化室温度下重复进样，若出峰数目变化，重现性差，则说明气化室温度过高；若峰形不规则，出现扁平峰则说明气化室温度太低；若峰形正常，峰数不变，峰形重现性好则说明气化室温度合适。

第五节　气相色谱法应用

气相色谱法广泛用于石油化工、高分子材料、药物分析、食品分析、农药分析、环境保护等领域。下面以几个简单的实例来说明气相色谱的广泛应用。

一、气相色谱在石油化工中的应用

早期气相色谱分析的主要应用就是快速有效地分析石油产品，石油产品包括各种液态、气态烃类物质、汽油与柴油、重油与蜡等。图2-20显示了C_1～C_5烃类物质的分离分析色谱图。

二、气相色谱在食品分析中的应用

食品分析可分为三个方面：一是添加剂，如对乳化剂、营养补剂、防腐剂等的分析；二是食品组成，如对水溶性类、糖类、类脂类等样品的分析；三是污染物，如对生产和包装中污染物、农药的分析。目前对食品的组成分析居多，其中酒类与其他饮料、油脂和蔬菜瓜果是重点分析对象。图2-21显示了牛奶中有机氯农药的分离分析色谱图。

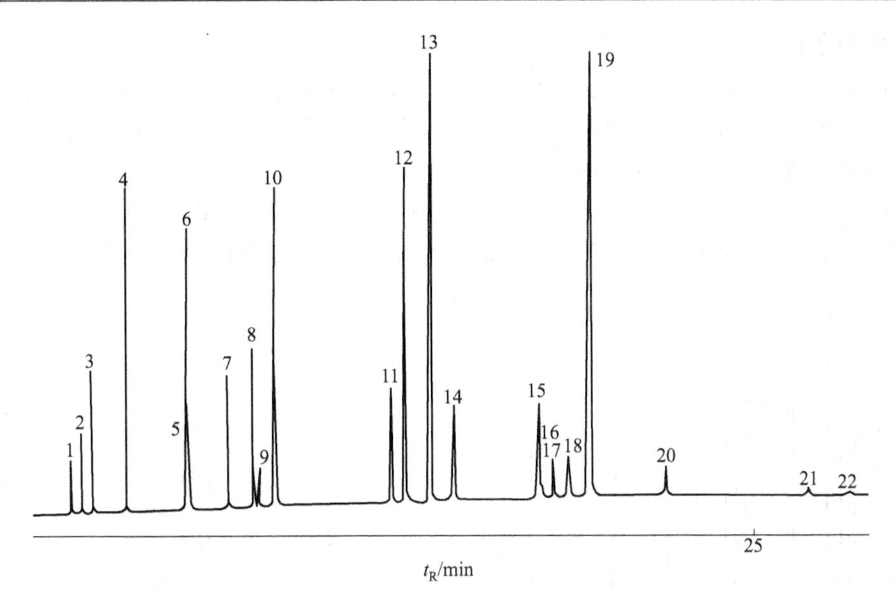

图 2-20　C_1～C_5 烃类物质的分离分析色谱图

色谱峰：1—甲烷；2—乙烷；3—乙烯；4—丙烷；5—环丙烷；6—丙烯；7—乙炔；8—异丁烷；9—丙二烯；10—正丁烷；11—反-2-丁烯；12—1-丁烯；13—异丁烯；14—顺-2-丁烯；15—异戊烷；16—1,2-丁二烯；17—丙炔；18—正戊烷；19—1,3-丁二烯；20—3-甲基-1-丁烯；21—乙烯基乙炔；22—乙基乙炔

色谱柱：Al_2O_3/KCl PLOT 柱，50m×0.32mm，d_f=5.0μm　　载　气：N_2，$\bar{u}$=26cm/s　　气化室温度：250℃

柱温：70℃→200℃，3℃/min　　检测器：FID　　检测器温度：250℃

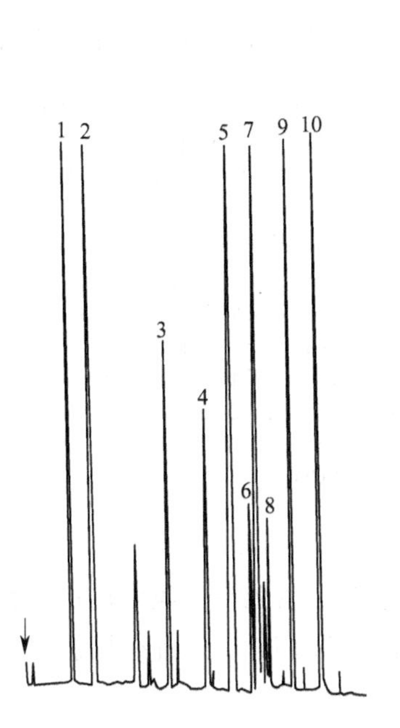

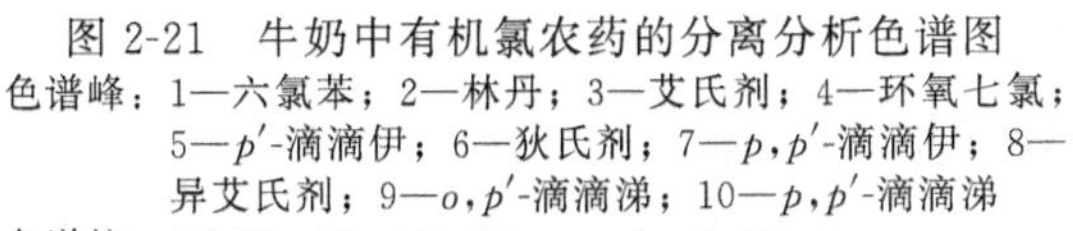
图 2-21　牛奶中有机氯农药的分离分析色谱图

色谱峰：1—六氯苯；2—林丹；3—艾氏剂；4—环氧七氯；5—p'-滴滴伊；6—狄氏剂；7—p,p'-滴滴伊；8—异艾氏剂；9—o,p'-滴滴涕；10—p,p'-滴滴涕

色谱柱：SE-52，25m×0.32mm，d_f=0.15μm

柱　温：40℃（1min）→140℃，20℃/min→220℃，3℃/min

载　气：H_2，2mL/min　　检测器：ECD

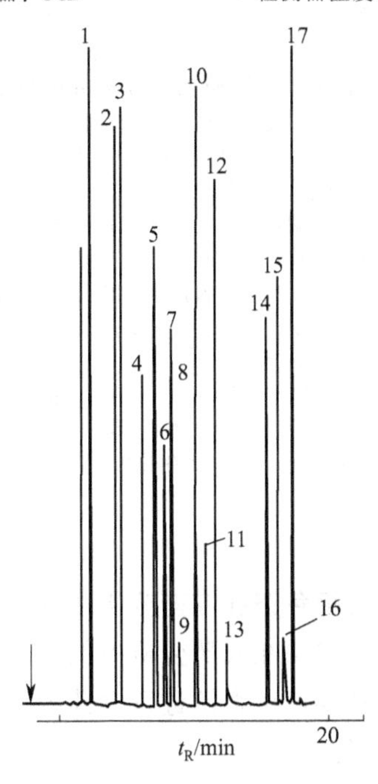

图 2-22　水溶剂中常见有机溶液的分离分析色谱图

色谱峰：1—乙腈；2—甲基乙基酮；3—仲丁醇；4—1,2-二氯乙烷；5—苯；6—1,1-二氯丙烷；7—1,2-二氯丙烷；8—2,3-二氯丙烷；9—氯甲代氧丙环；10—甲基异丁基酮；11—反-1,3-二氯丙烷；12—甲苯；13—未定；14—对二甲苯；15—1,2,3-三氯丙烷；16—2,3-二氯取代的醇；17—乙基戊基酮

色谱柱：CP-Sil 5CB，25m×0.32mm

柱　温：35℃（3min）→220℃，10℃/min

载　气：H_2　　检测器：FID

三、气相色谱在环境分析中的应用

气相色谱法在环境保护方面也有广泛的应用。例如，室内空气质量的检测、大气中有害污染物的监测、水质和土壤污染物的分析。图 2-22 显示了水溶剂中常见有机溶剂的分离分析色谱图。

四、气相色谱在药物分析中的应用

许多中西药物能够直接利用气相色谱法进行分析，其中主要有兴奋剂、抗生素、磺胺类药、镇静催眠药、镇痛药以及中药中常见的萜烯类化合物等。图 2-23 显示了镇静药的分离分析色谱图。

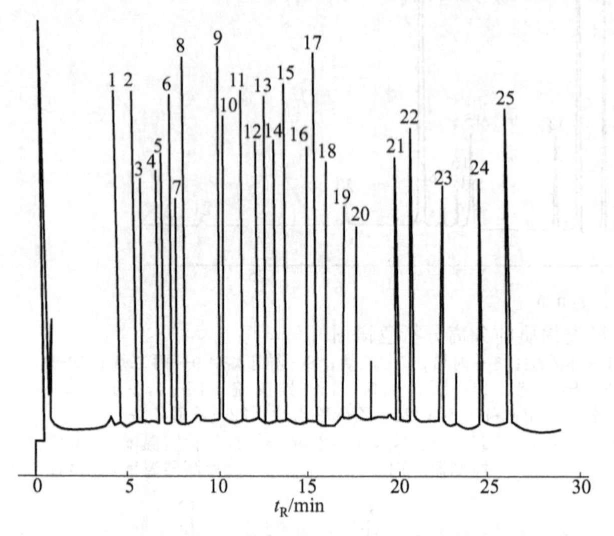

图 2-23 镇静药的分离分析色谱图

色谱峰：1—巴比妥；2—二丙烯巴比妥；3—阿普巴比妥；4—异戊巴比妥；5—戊巴比妥；6—司可巴比妥；7—眠尔通；8—导眠能；9—苯巴比妥；10—环巴比妥；11—美道明；12—安眠酮；13—丙咪嗪；14—异丙嗪；15—丙基解痉素（内标）；16—舒宁；17—安定；18—氯丙嗪；19—3-羟基安定；20—三氟拉嗪；21—氟安定；22—硝基安定；23—利眠宁；24—三唑安定；25—佳静安定

色谱柱：SE-54，22m×0.24mm

柱 温：120℃→250℃（15min），10℃/min

载 气：H_2　　检测器：FID

气化室温度：280℃　　检测器温度：280℃

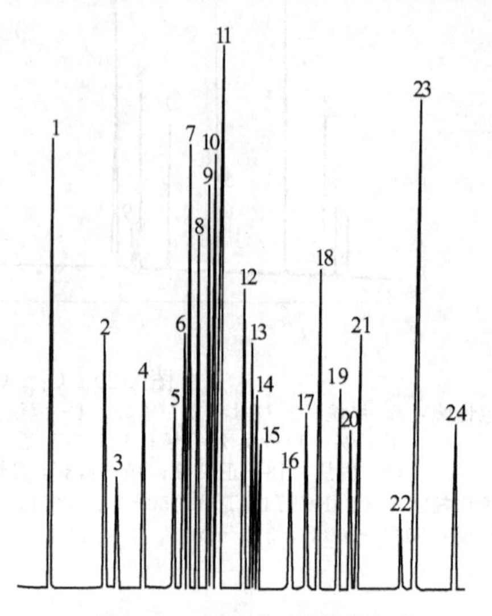

图 2-24 用 ECD 分析有机氯农药的分离分析色谱图

色谱峰：1—氯丹；2—七氯；3—艾氏剂；4—碳氯灵；5—氧化氯丹；6—光七氯；7—光六氯；8—七氯环氧化合物；9—反氯丹；10—反九氯；11—顺氯丹；12—狄氏剂；13—异狄氏剂；14—二氢灭蚁灵；15—*p*,*p'*-DDE；16—氢代灭蚁灵；17—开蓬；18—光艾氏剂；19—*p*,*p'*-DDT；20—灭蚁灵；21—异狄氏剂醛；22—异狄氏剂酮；23—甲氧 DDT；24—光狄氏剂

色谱柱：OV-101，20m×0.24mm

柱 温：80℃→250℃，4℃/min

检测器：ECD

五、气相色谱在农药分析中的应用

气相色谱法在农药分析中的应用主要是指对含氯、含磷、含氮等三类农药的分析。使用选择性检测器，可直接进行农药的痕量分析。图 2-24 显示了用 ECD 分析有机氯农药的分离分析色谱图。

本章小结

一、理论知识部分

1. 有关名词术语

气相色谱分析法、固定相、固定液、流动相、载气流速、分配系数、载体、固定液、浓度型检测器、质量型检测器、检测器的灵敏度、检测器的检测限、最佳载气流速。

2. 基本原理

气相色谱的分类及分离原理。

气相色谱仪分析流程，主要系统的构成、工作原理与日常维护。

气相色谱操作条件的选择；固定相、固定液的要求，分类及选择；载体的选择和预处理、液载比的选择、载气的类型选择等。

高压钢瓶、减压阀、稳压阀的使用维护知识。

转子流量计和皂膜流量计的使用知识。

热导检测器的构造、检测原理、性能指标、操作条件的选择与日常维护保养。

氢火焰离子化检测器的构造、检测原理、性能指标、操作条件的选择与日常维护保养。

电子捕获检测器的构造、检测原理、性能指标、操作条件的选择与日常维护保养。

火焰光度检测器的构造、检测原理、性能指标、操作条件的选择与日常维护保养。

二、操作技能部分

气相色谱仪的调试（气路连接、检漏、柱温设定、气化室温度设定、检测器调试、色谱工作站的使用）。

气路系统的检漏方法。

气相色谱仪的开机与关机操作。

进样方法（六通阀的进样；微量注射器的清洗、试样的抽洗、取样技术与进样技术）。

温度控制系统的调试方法。

检测器（TCD、FID）的调试方法。

气体高瓶、减压阀与稳压阀、针形阀与稳流阀的正确使用。

空气压缩机的使用。

皂膜流量计与转子流量计的正确使用。

思考与练习

1. 气相色谱仪上使用的减压阀、稳压阀、针形阀、稳流阀分别起什么作用？
2. 试说明气路检漏的两种常用的方法。
3. 双柱双气路气相色谱仪与单柱单气路气相色谱仪相比各有什么特点？
4. 气-固色谱的固定相是________；气-液色谱的固定相是________。
5. 在气-固色谱中，各组分的分离是基于组分在吸附剂上的________和________能力的不同；而在气-液色谱中，分离是基于各组分在固定液中________和________能力的不同。
6. 适合于强极性物质和腐蚀性气体分析的载体是________。
   A. 红色硅藻土载体　B. 白色硅藻土载体　C. 玻璃微球　D. 氟载体
7. 适合于用做气-液色谱的固定液应具备哪些性质？
8. 固定液选择的一般原则是什么？
9. 评价气相色谱检测器的性能好坏的指标有________。
   A. 基线噪声与漂移　B. 灵敏度与检测限
   C. 检测器的线性范围　D. 检测器体积的大小
10. 影响热导检测器灵敏度的最主要因素是________。
    A. 载气的性质　B. 热敏元件的电阻值　C. 热导池的结构

D. 热导池池体的温度　　E. 桥电流

11. 使用热导检测器时，为使检测器有较高的灵敏度，应选用的载气是________。

A. N_2　　B. H_2　　C. Ar　　D. N_2-H_2 混合气

12. 氢火焰离子化检测器与热导检测器各有什么特点？

13. 柱温高低对于组分分离有何影响？对于组分的保留时间有何影响？

14. 载气流速的快慢对于组分分离有何影响？对于组分的保留时间有何影响？

15. 对于进样速度有何要求？为什么？

实训 2-1　乙醇中少量水分的测定——外标法定量

一、实训目的

1. 用气相色谱法测定乙醇中少量水。

2. 学习和掌握气相色谱仪及热导池检测器操作技术。

3. 学会用外标法进行气谱定量分析。

二、原理

以 GDX-102 为固定相，用外标法测定乙醇中微量水。图 2-25 是外标法测定乙醇中水分含量的色谱图。

三、仪器与试剂

带橡胶帽小试剂瓶（5mL）5 个；乙醇（GC 级或分析纯）；蒸馏水；气相色谱仪；检测器：热导池；微量注射器　10μL 1 支；吸量管　5mL 1 支；载气：H_2；色谱柱：内径 4mm，长 2m 不锈钢柱；固定相：GDX-102（60～80 目）。

四、操作条件

检测室温度 140℃；柱温 100℃；气化室温度 140℃。

五、仪器操作步骤

1. 首先开通载气：把 H_2 气钢瓶的减压阀手柄左旋放松，旋开载气钢瓶总阀，再右旋减压阀手柄，将输出压力调到 0.3MPa，然后调节载气流路上稳流阀，载气流速调节至 40mL/min。

2. 打开电源开关。

3. 设定柱室、气化室及热导检测器温度。设定气化室温度为 140℃。设定热导检测器温度为 140℃。设定柱室温度为 100℃。温度设定后，启动加热。

4. 待柱箱恒温后（恒温灯亮），设定桥流为 100mV。打开计算机中的 N2000 色谱工作站，查看基线。待基线稳定后进行分析。

六、关机

分析完成后，先关加热电源开关。必须等到柱温降至接近室温时再关闭钢瓶总阀，待气路中压力很小后，放松载气减压阀、稳压阀。

清理实验台面，填写仪器使用记录。

七、样品测定步骤

1. 标准曲线的绘制

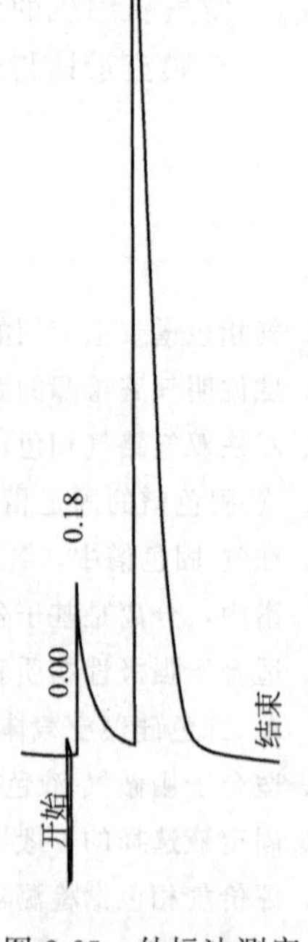

图 2-25　外标法测定乙醇中水的含量
0.18min—水；
0.78min—乙醇

分别配置水的标准溶液系列。取 5 个 5mL 带橡胶帽小试剂瓶，按下表配置，用吸量管量取溶液。

序　号	1	2	3	4	5
含 4%水的乙醇溶液/mL	0.5	1.0	2	3	4
乙醇/mL	3.5	3	2	1	0

2. 气相色谱分析

在相同条件下，依次从试剂瓶中吸取 1μL 标准系列溶液注入色谱仪进行测定，测得各标准系列溶液的色谱图，记录各图中水峰的峰面积（以 mm^2 为单位），并以峰面积为纵坐标、水的百分含量为横坐标，绘制出峰面积与含水量的标准曲线。

3. 待测样品的分析

在相同的条件下吸取待测试样 1μL 进样，得到色谱图，由色谱图得到水峰的面积，然后从标准曲线上查出待测样中水的百分含量。

分析样	标准溶液					待测样
	1	2	3	4	5	
含水量/%	0.5	1	2	3	4	
峰面积/mm^2						

八、热导池检测器使用注意事项

1. 开启仪器时应先开通载气 5～10min，将气路中的空气赶走，再开通电源。防止铼钨丝氧化。未通载气时，严禁加载桥流，否则会烧坏铼钨丝。

2. 停机时，应先关电源，待柱温降至室温时再关闭载气。

3. 在灵敏度足够的情况下，应使用较低的桥电流，以提高仪器稳定性，增加 TCD 使用寿命。

九、思考题

1. 热导池检定器的工作原理是什么？

2. 什么叫外标法？外标法在什么情况下适用？

3. 影响外标法定量准确度的主要因素有哪些？

实训 2-2　二甲苯混合物分析——归一化定量法

一、实训目的

1. 掌握氢火焰检测器使用方法。

2. 了解保留时间及峰面积的概念、测定方法及其应用。

3. 掌握面积归一化定量方法。

二、原理

工业二甲苯是乙苯、对二甲苯、间二甲苯、邻二甲苯的混合物，沸点分别为 136.2℃、138.4℃、139.1℃、144.1℃，性质极为相似，采用有机皂土-34 和邻苯二甲酸二壬酯混合固定液，混二甲苯中的各组分可得到很好的分离，它们按沸点由低至高的顺序由柱中流出。图 2-26 为工业二甲苯气相色谱图。

面积归一法定量原理如下。

如果试样中有 n 个组分，各组分的质量分别为 m_1，m_2，…，m_n，在一定条件下测得各组分峰面积分别为 A_1，A_2，…，A_n，各组分相对质量校正因子分别为 f_1，f_2，…，f_n，则组分 i 的质量为：

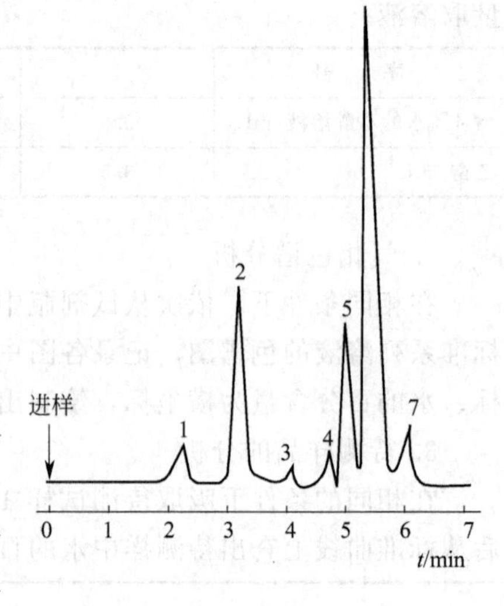

图 2-26　工业二甲苯气相色谱图

1～3—甲苯及烷烃杂质；4—乙苯；5—对二甲苯；6—间二甲苯；7—邻二甲苯

$$w_{(i)}=\frac{m_i}{m}=\frac{m_i}{m_1+m_2+\Lambda+m_n}$$

$$=\frac{f'_iA_i}{f'_1A_1+f'_2A_2+\Lambda+f'_nA_i}=\frac{f'_iA_i}{\sum f'_iA_i}$$

三、仪器与试剂

气相色谱仪，氢火焰检测器；色谱柱：有机皂土-34∶邻苯二甲酸二壬酯∶6201 红色载体(80～100 目)＝2.5∶2.0∶100；柱长 2m，内径 3mm；微量注射器 1μL；对二甲苯（色谱纯）；邻二甲苯（色谱纯）；间二甲苯（色谱纯）；样品：混合二甲苯。

四、操作步骤

1. 色谱仪的启动

首先开启载气然后接通电源，设定柱温、进样器及检测器的温度，调节载气流量，待仪器稳定后方可进样。

本实验柱温 85℃，载气（N_2）流量 30～40mL/min。

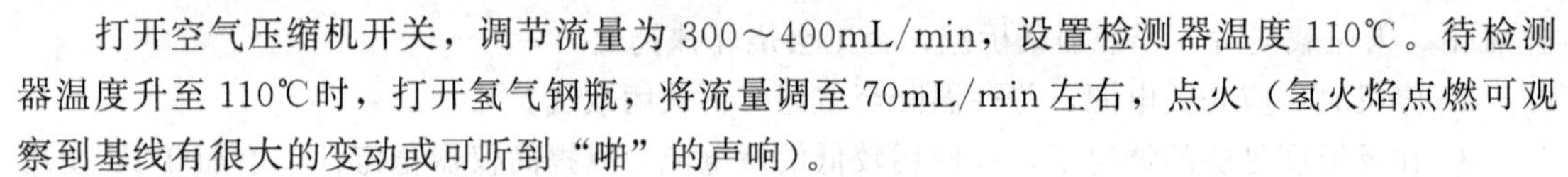

打开空气压缩机开关，调节流量为 300～400mL/min，设置检测器温度 110℃。待检测器温度升至 110℃时，打开氢气钢瓶，将流量调至 70mL/min 左右，点火（氢火焰点燃可观察到基线有很大的变动或可听到“啪”的声响）。

氢火焰点燃后，将氢气流量降至 40mL/min。

2. 进样分析

吸取 0.5μL 样品注入进样器，记录各色谱峰的保留时间，待组分完全流出后重复 1 次。用二甲苯异构体的标准样品进样，依据保留时间确定混合二甲苯中各色谱峰所代表的组分。

如果峰信号超出量程以外，可减少进样量、降低灵敏度或者增加衰减比。

五、关机

关闭温度控制开关；待柱温降至室温后关闭气相色谱仪总电源开关、关闭载气。

清理实验台面，填写仪器使用记录。

六、数据处理

设定色谱工作站显示各色谱峰的峰面积，设定色谱工作站定量测定方法，得到各组分质量分数。N2000 色谱工作站中不能输入各组分相对质量校正因子，可用各组分面积百分数近似替代相对百分含量。

如果需要精确计算各组分质量分数，可根据工作站显示各色谱峰的峰面积及文献中查阅的相对质量校正因子值，通过人工计算得到各组分质量分数。

通过色谱工作站打印报告或手写实验报告。

七、思考题

1. 归一化法对进样量的准确性有无严格要求？

2. 什么情况下可以采用峰高归一化法？如何计算？

实训 2-3 程序升温毛细管色谱法分析白酒中微量成分的含量

一、实训目的

1. 掌握程序升温的操作方法。

2. 了解毛细管柱的功能、操作方法与应用。

3. 掌握内标法定量分析方法。

二、原理

当被测样品组分非常多，沸程很宽的时候，如果使用同一柱温进行分离，分离效果往往很差。因为相对于低沸点的组分，柱温相对太高，组分很快流出色谱柱，色谱峰重叠在一起不易分开；相对于高沸点的组分，则因为柱温相对太低，组分很晚流出色谱柱，组分的保留时间太长、峰形很差，给分析工作带来困难。因此，对于宽沸程多组分的混合物样品，必须采用程序升温来代替等温操作。

程序升温是气相色谱分析中一项常用而且十分重要的技术。程序升温的方式可分为线性升温和非线性升温。根据分析任务的具体情况，可通过实验来选择适宜的升温方式，以期达到理想的分离效果。

白酒主要成分的分析便是用程序升温来进行的，图 2-27 显示了程序升温毛细管柱色谱法分析白酒主要成分的分离色谱图。

三、仪器与试剂

1. 仪器

气相色谱仪；交联石英毛细管柱（冠醚＋FFAP 30mm×0.25mm）；微量注射器（1μL）。

2. 试剂

氢气、压缩空气、氮气；乙醛、甲醇、乙酸乙酯、正丙醇、仲丁醇、乙缩醛、异丁醇、正丁醇、丁酸乙酯、醋酸正丁酯（内标）、异戊醇、戊酸乙酯、乳酸乙酯、己酸乙酯（均为 GC 级）；市售白酒一瓶。

四、操作步骤

1. 标样和试样的配制

（1）标样（1%～2%）的配制

分别吸取乙醛、甲醇、乙酸乙酯、正丙醇、仲丁醇、乙缩醛、异丁醇、正丁醇、丁酸乙酯、异戊醇、戊酸乙酯、乳酸乙酯、已酸乙酯各 2.00mL，用 60%乙醇（无甲醇）溶液定容至 100mL。

（2）（2%）醋酸正丁酯内标样的配制

吸取醋酸正丁酯 2mL，用上述乙醇定容至 100mL。

（3）混合标样（带内标）的配制

分别吸取①标样 0.80mL 与②内标样 0.40mL，混合后用上述 60%乙醇溶液配成 25mL 混合标样。

（4）白酒试样的配制

取白酒试样 10mL，加入 2%内标 0.40mL，混合均匀。

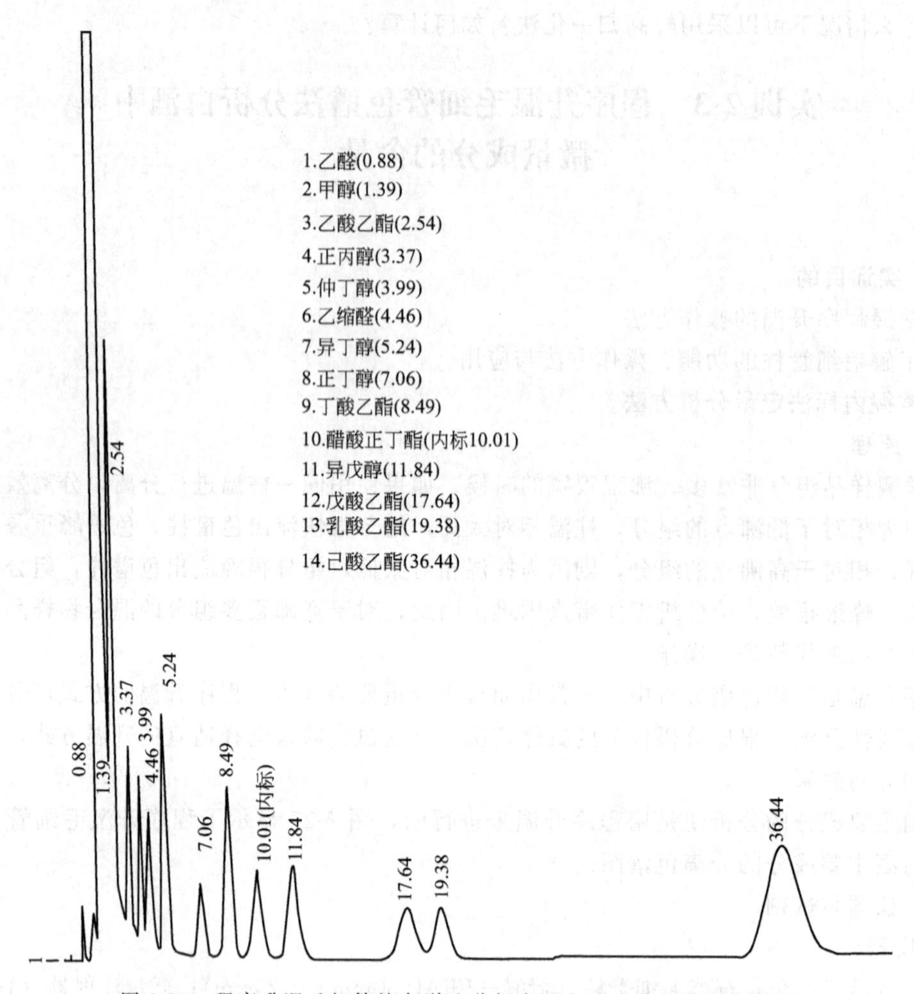

图 2-27 程序升温毛细管柱色谱法分析白酒主要成分的分离色谱图

2. 气相色谱仪的开机

(1) 通载气（N_2），调节流速 30mL/min；调分流比为 1∶100。

(2) 设置柱温升温程序：初始温度为 50℃；50℃（6min）$\xrightarrow{4℃/min}$ 220℃；恒温在 220℃。

(3) 设置气化室温度为 250℃。

(4) 打开色谱仪总电源和温度控制开关。

(5) 通氢气和空气，流量分别为 50mL/min 和 500mL/min。

(6) 点火，检查氢火焰是否点燃。

(7) 打开色谱工作站，输入测量参数、走基线。

3. 标样的分析

待基线平直后，依次用微量注射器吸取乙醛、甲醇、乙酸乙酯、正丙醇、仲丁醇、乙缩醛、异丁醇、正丁醇、丁酸乙酯、异戊醇、戊酸乙酯、乳酸乙酯、己酸乙酯标样溶液 0.2μL，进样分析，记录下样品名对应的文件名，打印出色谱图和分析结果。

4. 白酒试样的分析

(1) 用微量注射器吸取混合标样 0.2μL，进样分析，记录下样品名对应的文件名，打印出色谱图和分析结果；重复两次。

(2) 用微量注射器吸取白酒试样 0.2μL，进样分析，记录下样品名对应的文件名，打印出色谱图和分析结果；重复两次。

5. 结束工作

实验完成以后，在 220℃柱温下老化 2h 后，先关闭氢气，再关闭空气，然后关闭温度控制开关；待柱温降至室温后关闭气相色谱仪总电源开关；最后关闭载气。

清理实验台面，填写仪器使用记录。

五、注意事项

1. 毛细管柱易碎，安装时要特别小心。

2. 不同型号的色谱柱，其色谱操作条件有所不同，应视具体情况作相应调整。

3. 进样量不宜太大。

六、数据处理

1. 定性

测定酒样中各组分的保留时间，求出相对保留时间值，即各组分与标准物（异戊醇）的保留时间的比值 $\gamma_{is}=t'_{R_i}/t'_{R_s}$，将酒样中各组分的相对保留值与标样的相对保留值进行比较定性。也可以在酒样中加入纯组分，使被测组分峰增大的方法来进一步证实和定性。

2. 求相对校正因子

相对校正因子计算公式 $f'_i=\dfrac{A_s m_i}{A_i m_s}$，$A_i$，$A_s$ 分别为组分 i 和内标 s 的面积，m_i，m_s 分别为组分 i 和内标 s 的质量。根据所测的实验数据计算出各个物质的相对校正因子。

3. 计算酒样中各物质的质量浓度

计算公式为 $W(\mathrm{i})=\dfrac{A_i}{A_s}\times\dfrac{m_s}{m_{样}}\cdot f'_i$，式中 i 为酒样中各种物质，s 为内标物。

七、思考题

1. 白酒分析时为什么用 FID，而不用 TCD？

2. 程序升温的起始温度如何设置？升温速率如何设置？

3. 实验完成以后，在 220℃柱温下老化 2h 的目的是什么？

第三章 高效液相色谱法

对于那些沸点高、相对分子质量大、挥发性差的、热稳定性差的物质以及高分子化合物和极性化合物的分离，分析气相色谱法分离效果较差。为解决这些问题，用液体流动相代替气体流动相，较好地分离了这类物质，对应的色谱分离方法称为液相色谱法。1967 年产生了第一台具有优良性能的商品高效液相色谱仪，随着填料制备技术的发展、化学键合型固定相的出现、柱填充技术的进步以及高压输液泵的研制，液相色谱分析实现了高速化、高效化。高效液相色谱法（high performance liquid chromatography，HPLC）还可称为高压液相色谱、高速液相色谱、高分离度液相色谱或现代液相色谱。

高效液相色谱压力可达 150～300kg/cm^2（色谱柱每米压降为 75kg/cm^2 以上，1kg/cm^2＝0.1MPa）；流速为 0.1～10.0mL/min；塔板数可达每米 5000 塔板（在一根柱中同时分离成分可达 100 种）；紫外检测器灵敏度可达 0.01ng（同时消耗样品少）。高效液相色谱不受样品挥发度和热稳定性的限制，它非常适合相对分子质量较大、难气化、不易挥发或对热敏感的物质、离子型化合物及高聚物的分离分析，大约 70％～80％的有机物可采用 HPLC 分析。高效液相色谱法的应用范围从无机物到有机物，从天然物质到合成物质，从小分子到大分子，从一般化合物到生物活性物质等。高效液相色谱主要有高压、高速、高效、高灵敏度等几方面特点。

现代先进的高效液相色谱分析配有计算机，不仅能够自动处理数据，绘图和打印分析结果；而且能够对仪器的全部操作包括流动相选择，流量、柱温、检测器波长的选择，进样梯度洗脱方式等进行程序控制，实现了仪器的全自动化。

HPLC 在有机化学、生化、医学、药物临床、石油、化工、食品卫生、环保监测、商检和法检等方面都有广泛的用途，而在生物和高分子试样的分离和分析中更是有明显优势。

第一节 高效液相色谱仪

一、高压输液系统

高压输液系统的作用是提供足够恒定的高压，使流动相以稳定的流量快速渗透通过固定相。高压输液系统由储液器、高压泵、过滤器和梯度洗脱装置组成，其核心部件是高压泵，要求高压泵应具有输出压力高（15～45MPa）、输出流量恒定（精度 0.1mL/min）、流量设定范围可调的特点。高压输液泵按其输液性能可分为恒压泵和恒流泵。恒压泵是保持输出压力恒定，在一般的系统中，由于系统的阻力不变，恒压可达到恒流的效果。但当系统阻力变化时，输出的压力不变，而流量随外界阻力变化而变化。恒流泵则是无论系统的阻力如何变化，都能给出恒定流量。目前恒流泵比恒压泵使用较多。梯度洗脱装置的作用是在分离过程中，按一定的程序连续改变流动相中多种不同性质溶剂的配比，以改变流动相的极性、离子强度或酸度等，从而提高试样的分离效率，缩短分析时间，使色谱峰形得到改善，提高测定的灵敏度和定量的准确度。此外，还附有加热脱气、超声波脱气等装置，以排除溶解在流动相或试样中的气体。

二、进样系统

进样系统是将分析样品引入色谱柱的装置，包括进样口、注射器和进样阀，要求密封性好，死体积小，重复性好，保证中心进样，进样引起色谱分离系统的压力和流量波动很小。高效液相色谱仪通常采用手动和自动进样两种进样方式，但无论是手动进样还是自动进样，都是要通过六通阀，大数量样品的常规分析往往需要自动进样装置。

1. 六通阀进样器

现在的液相色谱仪所采用的手动进样器几乎都是耐高压、重复性好和操作方便的阀进样器。六通阀进样器是最常用的，进样体积由定容管确定，常规高效液相色谱仪通常使用的是 10μL 和 20μL 体积的定量管。六通阀进样器结构如图 3-1 所示。

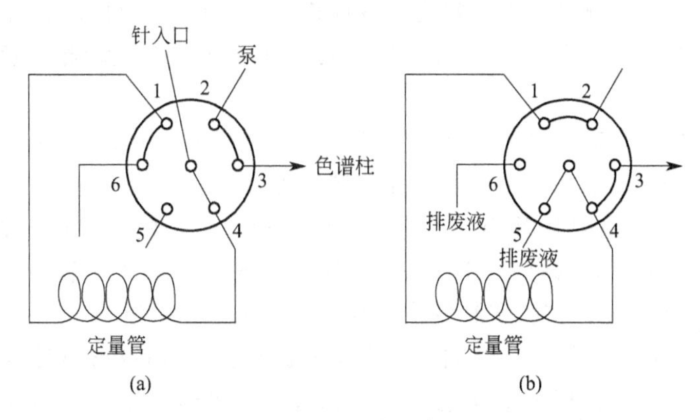

图 3-1　六通阀进样器

操作时先将阀柄置于图 3-1(a) 所示的采样位置（load），这时进样口只与定量管接通，处于常压状态。用平头微量注射器（体积应约为定量管溶剂的 4～5 倍）注入样品溶液，样品溶液停留在定量管中，多余的样品溶液从 6 处溢出。将进样器阀柄顺时针转动 60°至图 3-1(b) 所示进样位置（iject）时，流动相与定量管接通，样品被流动相带到色谱柱中进行分离分析。

2. 自动进样器

自动进样器是在微机控制下，可自动进行取样、进样、清洗等一系列操作，一次可进行几十个或上百个样品的分析。操作者只须将样品按顺序装入储样装置。有的自动进样装置还带有温度控制系统，适用于需低温保存的样品，一般还配有自动数据处理系统。自动进样器的进样量可连续调节，进样重复性高，适合于大量样品的分析，节省人力，可实现自动化操作。

3. 注射器

同气相色谱法一样，试样用微量注射器刺过装有弹性隔膜的进样器，针尖直达上端固定相或多孔不锈钢滤片，然后迅速按下注射器芯，试样以小滴的形式到达固定相床层的顶端。

注射器进样不能承受高压，在压力超过 15MPa 后，密封垫会产生泄漏。

三、分离系统

分离系统包括色谱柱、恒温器和连接管等部件。其中担负分离作用的是色谱柱，色谱柱是色谱系统的“心脏”。对于色谱柱的要求是柱效高、选择性好、分析速度快等。

液相色谱柱一般采用内壁抛光的优质不锈钢管或厚壁玻璃管，液相色谱柱的结构如图3-2所示。

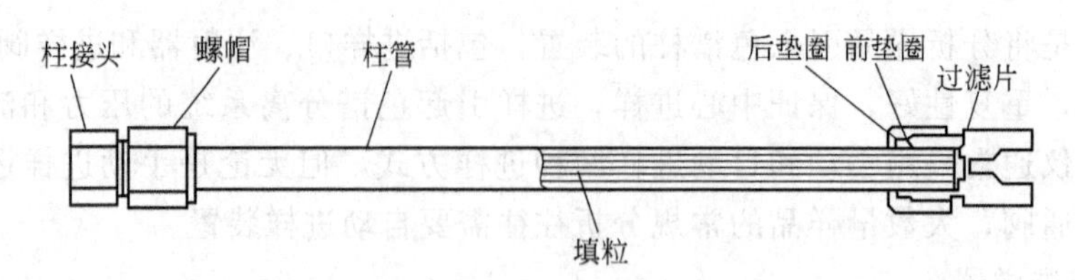

图 3-2　液相色谱柱的结构示意

为使工作压力不致过高，柱长都比较短，一般在5～30cm，柱径为4～5mm。柱子的填充取决于柱填料的性能，对于生物胶或离子交换树脂等，因遇到溶剂会膨胀，所以必须采用匀浆湿法填充。为了防止颗粒大的填料先沉降而产生分层现象，可采用等密度溶剂（四溴乙烷和四氯乙烯混合物）配成匀浆。用高压泵将其快速压入装有流动相的色谱柱中，经冲洗后，即可使用。

高效液相色谱柱按分离机制分为吸附型色谱柱、化学键合相色谱柱（分配型）、离子交换色谱柱、凝胶色谱柱、亲和色谱柱和手性色谱柱等。

高效液相色谱柱按主要用途分为分析型和制备型。常规分析柱（常量柱）内径2～5mm，柱长10～30cm；窄径柱内径1～2mm，柱长10～20cm；毛细管柱内径0.2～0.5mm；半制备柱，内径大于5mm；实验室制备柱内径20～40mm，柱长10～30cm；生产制备用的制备型色谱柱内径可达几十厘米。柱内径一般是根据柱长、填料粒径和折合流速来确定，目的是为了避免管壁效应。常规的液相色谱柱的内径有4.6mm或3.9mm两种规格。国内有内径是4mm和5mm的，还有内径是2mm的细内径柱，由于细内径柱可获得与粗柱基本相同的柱效，而溶剂的消耗却大为下降，因此它已被作为常用柱使用。

四、检测系统

高效液相色谱检测器要求具有灵敏度高、噪声低、线性范围宽、响应快、死体积小等特点，且对温度和流量的变化不敏感。但至今还没有一种像气相色谱那样高灵敏度的通用型检测器。因此应当根据试样的性能来选用相适宜的检测器。目前，液相色谱常用检测器有紫外光度检测器、示差折射检测器、荧光检测器和电化学检测器等。

1. 紫外光度检测器

紫外光度检测器（UV）的作用原理是依据被分析组分对特定紫外光的选择性吸收，组分浓度与吸光度的关系服从比尔定律。紫外检测器包括固定波长检测器、可变波长检测器和光电二极管阵列检测器。按光路系统来分，UV检测器可分为单光路和双光路两种。可变波长检测器又可分单波长（单通道）检测器和双波长（双通道）检测器。图3-3是一种双光路结构的紫外光度检测器光路。

由低压汞灯发出的两束光，经滤光片F_1、F_2，变成单色性能较好的紫外光，分别经过透镜L_1，L_2，聚焦到测量池C_1和参比池C_2的中心位置，再由透镜L_3，L_4经直角反射镜汇聚到光电管D_1和D_2上。当测量池无试样时，两光电管接收光强度相等，输出光电流经微电流放大器调至零点。当测量池有试样通过时，两光电管输出一定差值的光电流，经微电流放大器放大后由记录仪记录。

紫外光度检测器具有较高的灵敏度，最小检测量可达10^{-9}g。对温度和流量不敏感，可

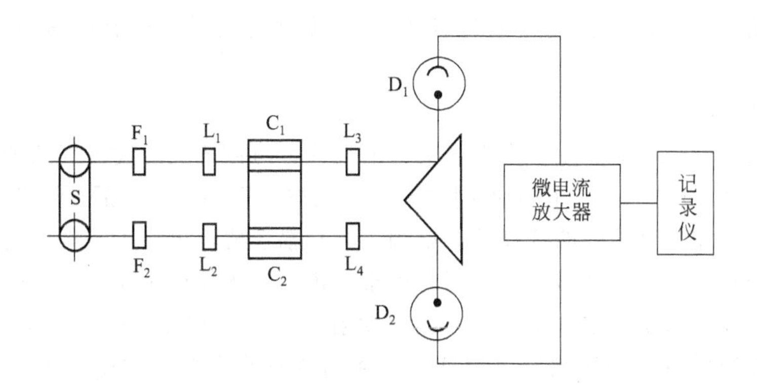

图 3-3 一种双光路结构的紫外光度检测器光路

S—低压汞灯；F_1，F_2—滤光片；L_1，L_2，L_3，L_4—透镜；C_1—测量池；C_2—参比池；D_1，D_2—光电管

用于梯度洗脱，几乎所有的高效液相色谱仪都配有紫外光度检测器。

2. 示差折射检测器

示差折射检测器（RID）又称折射率检测器，工作原理是依据不同性质的溶液对光具有不同的折射率，通过连续测量溶液折射率的变化，便可测知各组分的含量。溶液的折射率等于纯溶剂（流动相）和溶质（试样组分）的折射率乘以各自的质量分数之和。示差折射检测器为通用型检测器，如图 3-4 所示，只要组分的折射率与流动相的折射率有足够的差别，就能用示差折射检测器进行检测，其检测限可达 10^{-6}～10^{-7}g/mL。

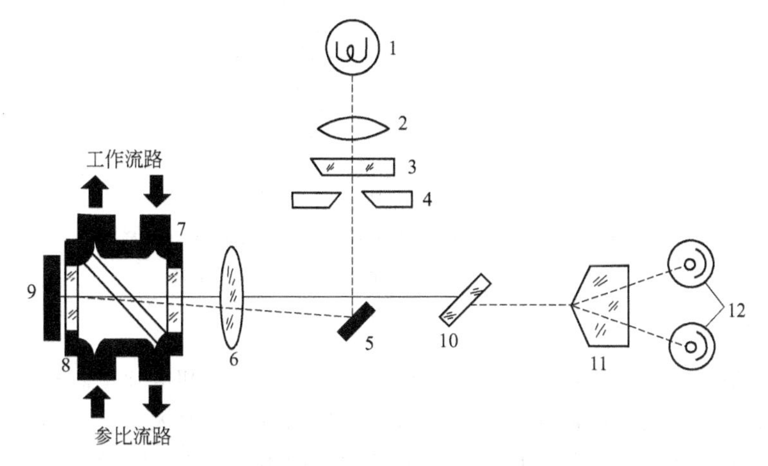

图 3-4 偏转式差示折射检测器光路

1—钨丝灯光源；2—透镜；3—滤光片；4—遮光扳；5—反射镜；6—透镜；7—工作池；8—参比池；9—平面反射镜；10—平面细调透镜；11—棱镜；12—光电管

示差折射检测器按物理原理的设计不同示差折射检测器一般可分反射式、偏转式、干涉式和克里斯琴效应四种不同类型。偏转式的折射率测量范围较宽，池体积较大，一般只在制备色谱和凝胶色谱中使用。通常的 HPLC 都使用反射式，因其池体积较小，可获得较高灵敏度。

对于缺乏紫外响应的、流动相在检测波长下有强烈吸收的样品示差折射检测器较紫外检测器有着不可替代的优势，它几乎可以测定一定浓度的所有化合物，特别是对于高分子化合物、糖类、脂肪烷烃等都能检测。但这种检测器灵敏度较低，对温度敏感，不能做梯度洗脱。

3. 荧光检测器

根据某些物质受激后能产生一定强度荧光的性质，可制成灵敏度极高的荧光检测器。它的最小检出量可达 10^{-12}/mL，由于不同物质的激发波长不同，受激后所产生的荧光波长各异，因此荧光检测器具有很高的选择性，配用荧光扫描装置还可用于定性。它适合于对稠环芳烃、甾族化合物、酶、氨基酸、维生素、色素、蛋白质等能产生荧光物质的测定。

荧光检测器光学系统如图 3-5 所示，氙灯发射出 250～600nm 的连续波长的强激发光，经过透镜、平面镜反射后到达激发单色器，分离出具有确定波长的激发光，聚焦在流通池上，流通池中的溶质受激发后产生荧光。产生的荧光通过透镜聚光，再经过发射单色器，选择出所需波长聚焦在光电倍增管上，把光信号转换成电信号输入数据处理系统。

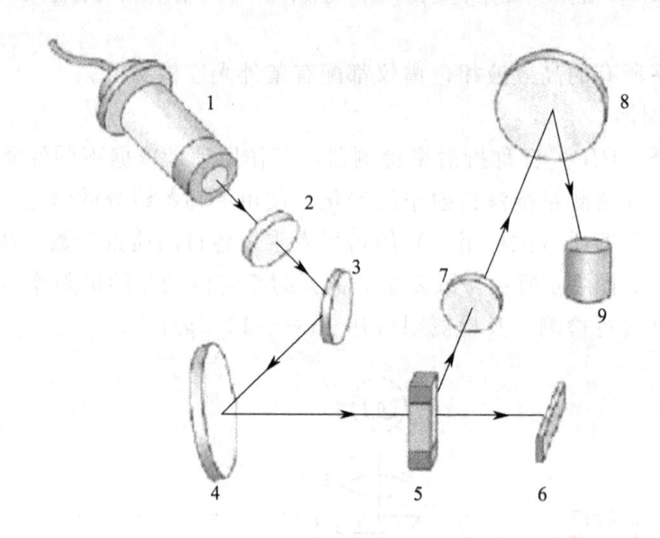

图 3-5 荧光检测器光学系统

1—氙闪光灯；2，7—透镜；3—平面镜；4—激光单色器；5—样品；6—光电二极管；8—发射单色器；9—光电倍增管

4. 电化学检测器

电化学检测器是一个薄层电解池，包括极谱、库仑、安培和电导检测器等。具有电化学氧化还原性质的化合物流进检测器即发生电解，产生的电流经放大而被检测。它适用于有电活性的硝基、氨基等还原基团的有机化合物的检测，检出限达 10^{-12}g 数量级。

第二节 液相色谱中的固定相和流动相

一、固定相

高效色谱柱是高效液相色谱的“心脏”，而其中最关键的是固定相及其填装技术。高效液相色谱的固定相主要采用 3～10μm 的微粒固定相，使用微粒填料有利于减小涡流扩散，缩短溶质在两相间的传质扩散过程，提高色谱柱的分离效率。不同类型的高效液相色谱，其固定相或柱填料的性质和结构各不相同。

目前，高效液相色谱采用的固定相，根据担体孔径深浅、表面性质和结构特性可分为两类，即薄壳型微球担体和全多孔型微球担体。

薄壳型微球担体是由一个实心的硬质玻璃球或硅球（直径在 30～50μm 之间），外表包一层极薄的多孔性材料形成的外壳（如硅胶、氧化铝、聚酰胺或离子交换树脂等）所构成。因此，又称为表面多孔型担体。这种表面多孔型担体的优点是多孔层很薄，孔穴浅，组分传质速度快，力学性能好，易于填充紧密以降低涡流扩散，提高柱效，相对死体积小，出峰快，粒径大，渗透性好，用于梯度洗脱，孔内外可以很快平衡。它的缺点是柱容小，即样品容量小。

全多孔型微球担体由直径只有 5～10μm 的全多孔硅胶微球所构成。担体全多孔粒径小、孔穴浅，使组分在固定相间或固定相与流动相间的运动距离缩短，传质速度快，柱效高。表面多孔型担体色谱柱效率较经典柱色谱高 50～100 倍，而这种全多孔型微球担体柱效害较经典柱色谱高 500～2000 倍，也适用于梯度洗脱，孔内外亦可很快平衡，这种担体可用于多组分与痕量组分的分离和测定。其缺点是不易填充，需要很高的柱压。

两类固定相参数的比较见表 3-1。

表 3-1　两类固定相参数的比较

参　数	薄壳型	全多孔型	参　数	薄壳型	全多孔型
平均直径/μm	30～40	5～10	比表面积/(m^2/g)	10～5	400～600
最佳塔板高度/mm	0.2～0.4	0.01～0.03	键合相覆盖率/%	0.5～1.5	5～25
所需柱长/cm	5.0～100	10～30	离子交换容量/(mmol/g)	10～40	200～5000
柱径/mm	2～3	2～5	装柱方式	干装	匀装
压力/MPa	1.4	14			

1. 液液色谱固定相

液液分配色谱的固定相由担体上涂渍一层固定液构成。担体可采用表面多孔及全多孔型吸附剂，如硅胶、氧化铝、分子筛、聚酰胺、新型合成固定相等。所用固定液为有机液体，应不与流动相作用，并能用于梯度淋洗技术，可选用的固定液为数不多。气相色谱用的固定液，只要不和流动相互溶，就可用做液液色谱固定液。常用的固定液只有极性不同的几种如强极性的 β，β′-氧二丙腈、聚乙二醇 400，中等极性的聚酰胺（PAM）、三亚甲基二醇、羟乙基硅酮、聚乙二醇-400、聚乙二醇-600、聚乙二醇-750、聚乙二醇-40000（PEG）和非极性的阿匹松、角鲨烷等。

（1）表层多孔型担体

表层多孔型担体又称薄壳型微珠担体，它是直径为 30～40μm 的实心核（玻璃微珠），表层上附有一层厚度约为 1～2μm 的多孔表面（多孔硅胶）。由于固定相仅是表面很薄一层，因此传质速度快，加上是直径很小的均匀球体，装填容易，重现性较好，因此在 20 世纪 70 年代前期得到较广泛使用。但是由于比表面积较小，因此试样容量低，需要配用较高灵敏度的检测器。随着近年来对全多孔微粒担体的深入研究和装柱技术的发展，目前已出现用全多孔微粒担体取代表层多孔固定相的趋势。

（2）全多孔型担体

早期使用的担体与气相色谱法相类似，是颗粒均匀的多孔球体，例如由氧化硅、氧化铝、硅藻土制成的直径为 10μm 左右的全多孔型担体。由于分子在液相中的扩散系数要比气相中小 4～5 个数量级，所以填料的不规则性和较宽的粒度范围所形成的填充不均匀性成为色谱峰扩展的一个明显原因。由于孔径分布不一，并存在“裂隙”，在颗粒深孔中形成滞留液体（液坑），溶质分子在深孔中扩散和传质缓慢，这样就进一步促使色谱峰变宽。

降低填料的颗粒，改进装柱技术，使之能装填出均匀的色谱柱，达到很高的柱效。20世纪70年代初期出现了直径小于10μm的全多孔型担体，它是由纳米级的硅胶微粒堆聚而成为5μm或稍大的全多孔小球。由于其颗粒小，传质距离短，因此柱效高，柱容量也不小。

2. 液固吸附色谱固定相

液固吸附色谱中固定相为吸附剂，其结构也有表面多孔型和全多孔型两类。吸附剂起固定相作用，应具有适宜的吸附力，比表面积大，为粉末状或纤维状，一般应加热除水活化；吸附作用应可逆，即被吸附组分易于洗脱；吸附剂应纯净无杂质。

（1）极性吸附剂

极性固定相主要有硅胶、氧化铝、氧化镁、硅酸镁、分子筛及聚酰胺等，目前较常使用的是5～10μm的硅胶微粒（全多孔型）。极性强的组分在这类吸附剂上吸附力强，随着组分降低，吸附力递减。极性固定相可进一步分为酸性吸附剂和碱性吸附剂。酸性吸附剂包括硅胶和硅酸镁等，适于分离碱，如脂肪胺和芳香胺。碱性吸附剂有氧化铝、氧化镁和聚酰胺等，适于分离酸性溶质，如酚、羧和吡咯衍生物等。硅胶对各种组分的吸附能力顺序为：羧酸＞醇≈胺＞酮＞醛≈酯＞醚＞硫化物＞芳香族化合物≈有机卤化物＞烯烃＞饱和烃。

氧化铝、氧化镁除能吸附一般组分外，对某些组分有特殊的吸附性。氧化铝适于分离芳烃异构物及其相应的卤代物，氧化镁能分离开平面分子和非平面分子。

（2）非极性吸附剂

非极性固定相最常见的是高强度多孔微粒活性炭，还有近来开始使用的5～10μm的多孔石墨化炭黑，以及高交联度苯乙烯-二乙烯苯基共聚物的单分散多孔微球与碳多孔小球等。

组分在非极性吸附剂上保留规律与上述不同，主要由分子极化度控制分离，适用于对芳香族与脂肪族化合物的分离。

3. 化学键合固定相

兼有液固吸附、液液分配两种作用，将固定液键合在担体上，即用化学反应的方法通过化学键把有机分子结合到担体表面。根据在硅胶表面（具有≡Si—OH基团）的化学反应不同，键合固定相可分为以下三种。

（1）硅酯型键合相（≡Si…O—C≡）

硅球表面羟基（即硅醇基）具有一定酸性，可与醇类发生酯化反应，生成硅酯型键合相，其反应为：

$$\equiv Si—OH + HO—R \longrightarrow \equiv Si—O—R + H_2O$$

如3-羟基丙腈（$HO—CH_2—CH_2—CN$）、正辛醇［$HO—(CH_2)_2—CH_3$］分别与硅球酯化，即可制得氧丙腈-硅球、正辛烷-硅球。

（2）硅氧烷型键合相（≡Si…O—C≡）

硅胶、玻璃微球与硅烷化试剂二氯有机硅烷反应：

$$\equiv Si—OH + R_2SiCl_2 \longrightarrow \equiv Si—O—\underset{R}{\overset{R}{Si}}—Cl + HCl$$

（3）硅碳型键合相（≡Si—C≡）

利用格氏反应使硅球上硅与R—基直接键合：

$$\equiv Si—OH + SOCl_2 \longrightarrow \equiv Si—Cl + SO_2 + HCl$$
$$\equiv Si—Cl + RMgCl \longrightarrow \equiv Si—R + MgCl_2$$

化学键合固定相表面没有液坑，比一般液体固定相传质快得多；无固定液流失，增加了色谱柱的稳定性和寿命；由于可以键合不同官能团，能灵活地改变选择性；有利于梯度洗提；有利于配用灵敏的检测器和馏分的收集。

由于存在着键合基团覆盖率问题，化学键合固定相的分离机制既不是全部吸附过程，也不是典型的液液分配过程，而是双重机制兼而有之，只是按键含量的多少而各有侧重。

常用的极性键合相主要有氰基（—CN）、氨基（$—NH_2$）和二醇基（DIOL）键合相；常用的非极性键合相主要有各种烷基键合相（如 C_2、C_6、C_8、C_{18}等）和苯基键合相，其中以 C_{18}键合相（简称 ODS）对于各种类型的化合物都有很强的适应能力，应用最为广泛。

4. 离子交换色谱固定相

离子交换色谱的固定相为离子交换树脂。它由苯乙烯-二乙烯苯交联共聚形成具有网状结构的基质，同时在网格上引入各种酸性或碱性的可交换的离子基团。离子交换树脂也分为表面多孔型和全多孔型两种，前者应用较为广泛。

（1）阳离子交换树脂

树脂上具有与样品中阳离子交换的基团，按离解常数分为强酸性与弱酸性两种。强酸性阳离子交换树脂所带的基团为磺酸基（$—SO_3^- H^+$），能从强酸盐、弱酸盐以及强碱和弱碱中吸附阳离子。弱酸性阳离子交换树脂所带的基团为羧基（$—COO^- H^+$），仅能从强碱和中强碱中交换阳离子。

（2）阴离子交换树脂

树脂上具有与样品中阴离子交换的基团，按其离解常数分为强碱性及弱碱性两种。强碱性阴离子交换树脂所带的基团为季铵盐型（$—CH_2NR_3^+ Cl^-$），能从强酸和弱酸或强碱盐和弱碱盐中交换阴离子。弱碱性阴离子交换树脂所带基团为氨基（$—NH_3^+ Cl^-$），仅能从强酸中交换阴离子。

通常可将约 1%的离子交换树脂直接涂渍于玻璃微球上，构成薄壳型离子交换树脂固定相；在玻璃微球上先涂以薄层硅胶，之后再涂渍离子交换树脂，构成全多孔型离子交换树脂固定相。化学键合型离子交换树脂固定相一种是键合薄壳型，担体是薄壳玻珠；另一种是键合微粒担体型离子交换树脂，它的担体是微粒硅胶。后者具有键合薄壳型离子交换树脂的优点，室温下即可分离，柱效高，且试样容量较前者大。

离子交换树脂作固定相，传质快，有利于加快分析速度，提高柱效，但柱容太低。强酸碱）性树脂适于作无机离子分析，而弱酸（碱）性树脂适用于有机物分析。但由于强酸（碱）性树脂比弱的稳定，且可适用于宽的 pH 值范围，因此在高效液相色谱中也常采用强酸（碱）性树脂分析有机物。例如，可用强酸性阳离子树脂分析生物碱、嘌呤，用强碱性阴离子树脂分析有机酸、氨基酸、核酸等。

5. 空间排阻色谱固定相

空间排阻色谱法所用固定相凝胶是含有大量液体（一般是水）的柔软而富于弹性的物质，是一种经过交联而具有立体网状结构的多聚体，有一定形状和稳定性。根据交联程度和含水量的不同，分为软胶、半硬胶及硬胶三种。

（1）软质凝胶（软胶）

通常用的有交联葡聚糖凝胶类、琼脂糖凝胶类、聚苯乙烯凝胶类、聚丙烯酸盐凝胶类等。这种凝胶交联度低，溶胀度大，溶胀后的体积是干体的许多倍，不耐压。它们适用于水溶性溶剂作流动相，一般用于对相对分子质量小的物质的分析，不适宜用在高效液相色谱中。

(2) 半硬质（半刚性）凝胶

常用的有聚苯乙烯凝胶类、聚甲基丙烯酸甲酯凝胶类、聚丙烯酰胺凝胶类、琼脂糖-聚丙烯酰胺凝胶类，还有磺化聚苯乙烯微珠、苯乙烯-二乙烯基苯交联共聚凝胶等。溶胀能力低，容量中等，渗透性较高，可耐较高压力，其孔隙大小范围很宽，适用于对从小分子到大分子物质的分离。主要适用于有机溶剂流动相，当用于高效液相色谱时，流速不宜过大。

(3) 硬质（刚性）凝胶

由实心玻璃球制成，为一种多孔的无机材料，具有恒定的孔径和较窄的粒度分布，易于填充均匀，膨胀度小，不可压缩，渗透性好，受流动相溶剂体系（水或非水溶剂）、压力、流速、pH 值或离子强度等影响较小，适于高压下使用。

在选择柱填料时尚先要考虑相对分子质量排阻极限（即无法渗透而被排阻的相对分子质量极限）。每种商品填料都给出了它的相对分子质量排阻极限位，可以参考有关资料。常用的有多孔硅胶凝胶、多孔玻璃、可控孔径玻璃珠、苯乙烯-二乙烯苯共聚刚性凝胶类等。凝胶色谱固定相列于表 3-2 中。

表 3-2 凝胶色谱固定相

类型	材　料	国内外型号	适用范围
软胶	葡萄糖	Sephadax	适于以水作溶剂，用于凝胶过滤色谱
	聚苯乙烯（低交联度）	Bio-Bead-S	适于有机溶剂，用于凝胶渗透色谱
平硬胶	聚苯乙烯	Styragel	适于有机溶剂，用于凝胶渗透色谱
硬胶	玻璃珠	CPG beads	适于有机溶剂，用于凝胶渗透色谱
	多孔硅胶	Porasil	适于有机溶剂，用于凝胶渗透色谱
	不规则形硅胶	Merck-O-Sel-Si	适于有机溶剂，用于凝胶渗透色谱

二、流动相

在液相色谱中，当固定相选定后，选择合适的流动相对色谱分离是十分重要的问题。流动相的种类、配比能显著地影响液相色谱的分离效果。液相色谱中的流动相，又称冲洗剂、洗脱剂，它有两个作用，一是携带样品前进，二是给样品一个分配相，进而调节选择性，以达到混合物的分离。液相色谱流动相的选择要考虑以下因素。

① 流动相纯度。要保证一定的纯度，一般采用分析纯试剂，必要时需进一步纯化以除去有干扰的杂质。因为在色谱柱整个使用期间，流过色谱柱的溶剂是大量的，如溶剂不纯，杂质在柱中累积，影响柱性能以及组分收集的馏分纯度，增加噪声。同时还应易清洗除去，易于更换，安全、廉价。

② 溶剂与固定液不互溶，不发生不可逆作用，不能引起柱效能和保留特性的变化，不妨碍柱的稳定性。例如在液固色谱中，硅胶吸附剂不能使用碱性溶剂（胺类）或含有碱性杂质的溶剂，同样，氧化铝吸附剂不能使用酸性溶剂，在液液色谱中流动相应与固定相不互溶（不互溶是相对的）。否则，造成固定相流失，使柱的保留特性变更。

③ 对试样要有适宜的溶解度；否则，在柱头易产生部分沉淀，但不与样品发生化学反应。

④ 溶剂黏度要小，以避免样品中各组分在流动相中扩散系数及传质速率下降。同时，

在同一温度下，柱压随溶剂黏度增加而增加，柱效能亦降低。但黏度太小，沸点亦低，在流路中将会形成气泡，这会造成较大噪声。

⑤ 应与检测器相匹配。例如对紫外光度检测器而言，不能用对紫外光有吸收的溶剂；用荧光检测器时，不能用含有发生荧光物质的溶剂；用示差折射检测器时，选用的溶剂应与组分的折射率有较大差别。

⑥ 应尽量避免使用具有显著毒性的溶剂，以保证工作人员的安全。

完全符合以上要求的溶剂作为流动相是没有的，所以溶剂选择的主要依据还是相对极性大小，兼顾其他物理化学性质。为了获得合适的溶剂强度（极性），常采用二元或多元组合的溶剂系统作为流动相。通常根据所起的作用，采用的溶剂可分成底剂及洗脱剂两种。底剂决定基本的色谱分离情况；而洗脱剂则起调节试样组分的滞留并对某几个组分具有选择性的分离作用。因此，流动相中底剂和洗脱剂的组合选择直接影响分离效率。正相色谱中，底剂采用低极性溶剂，如正己烷、苯、氯仿等；而洗脱剂则根据试样的性质选取极性较强的针对性溶剂，如醚、酯、酮、醇和酸等。在反相色谱中，通常以水为流动相的主体，以加入不同配比的有机溶剂作调节剂。常用的有机溶剂是甲醇、乙腈、四氢呋喃等。

在选用溶剂时，溶剂的极性显然仍为重要的依据。例如在正相液液色谱中，可先选中等极性的溶剂为流动相，若组分的保留时间太短，表示溶剂的极性太大，改用极性较弱的溶剂，若组分保留时间太长，则再选极性在上述两种溶剂之间的溶剂；如此多次实验，以选得最适宜的溶剂。

常用溶剂的极性顺序排列如下：水（极性最大），甲酰胺，乙腈，甲醇，乙醇，丙醇，丙酮，二氧六环，四氢呋喃，甲乙酮，正丁醇，乙酸乙酯，乙醚，异丙醚，二氯甲烷，氯仿，溴乙烷，苯，氯丙烷，甲苯，四氯化碳，二硫化碳，环己烷，己烷，庚烷，煤油（极性最小）。

1. 液液分配色谱流动相

液液分配色谱中，极性组分使用极性固定液与非极性或弱极性流动相，非极性组分使用非极性固定液与极性流动相可得到较好的分配系数值。当选定固定液后，可改变流动相组成调节分配系数值。如果样品极性增强，固定液极性应适当减弱，或者适当增强流动相极性。弱极性样品也可采用非极性固定液（如角鲨烷）、强极性流动相（如甲醇或水），即反相色谱。此时，极性强的组分先出峰。选用不同强度的溶剂作流动相，是液相色谱的一个重要手段。选择流动相可参照溶剂洗脱序列，可以选用混合溶剂，以实现最佳分离。

例如当选择固定液是极性物质时，所选用的流动相通常是极性很小的溶剂或非极性溶剂。正相液液色谱法通常相对非极性的疏水性溶剂（烷烃类）作为流动相，常加入乙醇、四氢呋喃、三氯甲烷等以调节组分的保留时间。反相液液色谱法的流动相通常用水或缓冲液，常加入甲醇、乙腈、异丙醇、丙酮、四氢呋喃等与水互溶的有机溶剂以调节保留时间。

2. 液固吸附色谱的流动相

液固吸附色谱，是组分分子与溶剂（流动相）分子对吸附剂的一种竞争吸附过程，其相对极性控制了吸附平衡。所以，流动相选择是否合适直接影响分离效果。流动相的性能可用溶剂强度参数 ε^0 来表征，ε^0 为溶剂在单位标准吸附剂上的吸附能。ε^0 值大说明流动相极性大，溶剂强度大，洗脱能力大。根据 ε^0 值，即溶剂在吸附剂上吸附强度和洗脱能力大小将溶剂按次序排列，称为流动相（溶剂）的洗脱序列。

选择流动相的基本原则是极性大的试样用极性较强的流动相，极性小的则用低极性流动相。为了获得合适的溶剂极性，常采用两种、三种或更多种不同极性的溶剂混合起来使用，如果样品组分的分配系数值范围很广则使用梯度洗脱。液固吸附色谱法中使用的流动相主要为非极性的烃类（如已烷、庚烷）等，某些极性有机溶剂作为缓和剂加入其中，如二氯甲烷、甲醇等。极性越大的组分保留时间越长。

3．键合相色谱

在化学键合相色谱法中，溶剂的洗脱能力即溶剂强度直接与它的极性相关。在正相键合相色谱中，随着溶剂极性的增强，溶剂的强度也增加；在反相键合相色谱中，溶剂强度随极性增强而减弱。

正相键合相色谱的流动相通常采用烷烃（如已烷）加适量极性调整剂（如乙醚、甲基叔丁基醚氯仿等）。反相键合相色谱的流动相通常以水作为基础溶剂，再加入一定量能与水互溶的极性调整剂，常用的极性调整剂有甲醇、乙腈、四氢呋喃等。反相键合相色谱中各种溶剂的强度按以下次序递增，水＜甲醇＜乙腈＜乙醇＜四氢呋喃＜丙醇＜二氯甲烷，即溶剂强度随溶剂极性降低而增加。

实际使用中，甲醇-水体系已能满足多数样品的分离要求，且流动相的黏度小、价格低，是反相键合相色谱最常用的流动相。虽然实际上采用适当比例的二元混合溶剂就可以适应不同类型的样品分析，但有时为了获得最佳分离，也可以采用三元甚至四元混合溶剂作流动相。

4．离子交换色谱的流动相

离子交换色谱分析主要在含水介质中进行，可保持离子交换树脂及试样的离解状态。选择流动相 pH 值格外重要，常用缓冲体系，这样既可保持 pH 值，又可维持离子强度。增加缓冲液浓度，流动相洗脱能力也随之增加，组分保留值减小。通常强酸性及强碱性离子交换树脂在较宽 pH 值范围内都能离解，而弱酸性阳离子交换树脂在酸性介质中不离解，只能采用中性或碱性流动相。同样，弱碱性阴离子交换树脂也只能采用中性或酸性流动相。流动相 pH 值应选择在样品组分的 pH 值附近。同样，保留值依赖于洗脱溶液的离子性质，树脂对洗脱溶液离子亲和力大，组分保留值就小。增加盐的浓度会导致保留值降低，但盐的浓度增加，流动相黏度也增加，柱压相应要提高。

离子交换色谱也可采用梯度洗脱，一是 pH 梯度，二是离子强度梯度，以便将不同保留值的组分在保证适宜分离度的情况下，在较短时间内洗脱下来。

由于流动相离子与交换树脂相互作用力不同，因此流动相中的离子类型对试样组分的保留值有显著的影响。在常用的聚苯乙烯-苯二乙烯树脂上，各种阴离子的滞留次序为：柠檬酸离子＞SO_4^{2-}＞$C_2O_4^{2-}$＞I^-＞NO_3^-＞CrO_4^{2-}＞Br^-＞SCN^-＞Cl^-＞$HCOO^-$＞CH_3COO^-＞OH^-＞F^-，所以用柠檬酸离子洗脱要比用氟离子快。阳离子的滞留次序大致为：Ba^{2+}＞Pb^{2+}＞Ca^{2+}＞Ni^{2+}＞Cd^{2+}＞Cu^{2+}＞Co^{2+}＞Zn^{2+}＞Mg^{2+}＞Ag^+＞Cs^+＞Rb^+＞K^+＞NH_4^+＞Na^+＞H^+＞Li^+。由于阳离子大小及电荷特性变化较小，故在阳离子系列中，各组分离子保留值的变化较小。可根据样品中各组分与树脂结合力的强弱，选用不同的流动相。对阳离子交换柱，流动相 pH 值增加，使保留值降低；在阴离子交换柱中，情况相反。

通常用的流动相有水、水与甲醇混合液，钠、钾、铵的柠檬酸盐、磷酸盐、硼酸盐、甲酸盐、乙酸盐与它们相应的酸混合成酸性缓冲液或与氢氧化钠混合成碱性缓冲液。

5．空间排阻色谱的流动相

空间排阻色谱所用流动相可采用水或非水溶剂。溶剂必须与凝胶本身非常相似，对其有湿润性并防止它的吸附作用。当采用软质凝胶时，溶剂必须能溶胀凝胶，因为软质凝胶的孔径大小是溶剂吸留量的函数。溶剂的黏度是重要的，因为高黏度将限制扩散作用而损害分辨率。对于具有相当低的扩散系数的大分子来说这种考虑更为重要。为提高分离效率，多采用低黏度、与样品折射率相差大的流动相，但应对固定相无破坏作用。一般情况下，对分离高分子有机化合物，采用的溶剂主要是四氢呋喃、甲苯、间甲苯酚、*N*，*N*-二甲基甲酰胺等，生物物质的分离主要用水、缓冲盐溶液、乙醇及丙酮等。

6. 流动相的预处理

高效液相色谱所用的流动相，均需经过纯化、脱气等处理。流动相不纯会带来很多危害，如腐蚀金属部件，干扰分离，影响试剂的稳定性；有杂质的试剂不稳定，如二氯甲烷和乙酯会生成结晶，影响组分纯度，影响检测器的灵敏度和稳定性；如用紫外检测器，试剂的杂质还可影响检测波长和检测范围。纯化试剂可保证柱性能良好及延长柱的使用寿命，使检测器响应范围扩大，并能降低噪声。

常用的纯化方法有过滤除去颗粒状杂质，可以事先过滤或用在线过滤器过滤，如水可用2～5μm的烧结玻璃滤器或用0.22μm孔径的滤膜；离子交换除去阴、阳离子杂质；萃取法除去极性与溶剂不同的杂质；蒸馏法；利用吸附剂除去极性不同的杂质，如用氧化铝柱除去烷烃杂质，还可用硅胶柱或混合柱。

流动相中含有微量气体，进入柱和检测器后，影响仪器正常工作。例如，可使某些检测器产生有效吸收，破坏测量池和参比池的平衡，使基线漂移，导致检测器灵敏度降低，有时还可能与流动相、固定相及组分发生反应。

常用脱气办法有加热脱气法和真空脱气法。可利用气体在流动相中溶解度随温度升高而减小的原理，采用加热回馏法，经2h，于密封器中冷却。真空脱气是在装有流动相的密闭器中抽真空除去溶解的气体杂质。比如，可用水泵减压抽吸脱气，至无气泡为止。此外，还可以采吊超声波发生器脱气。

除上述一些预处理过程外，还有流动相在进柱前要先用固定液饱和，即在两相于柱上相遇前，已达到热力学平衡状态。又如，为使固定液含水量恒定，流动相中要加足够的水分等。

三、液相色谱操作的注意事项

1. 水的纯度

极性溶剂或它们的混合物做流动相。要求用高纯度的溶剂（包括水），必要时需重新蒸馏或纯化。流动相中水的杂质常常积累于色谱柱的柱头，常常给分析带来麻烦，如产生鬼峰。

2. pH范围

一般反相烷基键合固定相要求在pH值为2～8之间使用，pH值大于8.5会引起基体硅胶溶解。

3. 缓冲溶液要求

缓冲溶液在pH值为2～8之间要有大的缓冲容量，背景小，与有机溶剂互溶，这样可提高平衡速度，可掩蔽吸附剂表面上的硅醇基，分离极性和离子性化合物时选用具有一定pH值的缓冲溶液是必要的，而且缓冲溶液中盐的浓度应适当，以避免出现不对称的峰和分叉峰。

4. 样品的净化预处理

对于组成未知的复杂样品，若直接进入色谱柱，可能使色谱柱污染而失效。通常在分离柱前加一小段与分离柱填料相同的预保护柱，保护色谱柱，延长其使用寿命。但富集在预保护柱中的杂质，可能随流动相缓慢流出而污染样品。

样品的净化预处理方法可用经典的柱色谱法，对样品按极性大小作组分预分离。操作虽然麻烦，但通常净化效果很好。

5. 系统的压力

系统的压力应低于 15MPa。一般 HPLC 仪器可承受 30～40MPa 的压力。但实际工作中，最好是工作压力小于泵最大允许压力的 50%，因为长期在高压状态下工作，泵、进样阀、密封垫的寿命将缩短。另外随着色谱柱的使用，微粒物质会逐步堵塞柱头而使校压升高。

6. 最大样品量和最小检测质量

样品量对峰宽度和保留值有一定的影响。对于 25cm 的柱子，在一般操作条件下最大允许样品量约为 100μg，此时不会明显地改变分离情况。对检测条件不理想的情况，最小检测量一般为 20μg，在最佳条件下最小检测量可达 5ng。

7. 柱子清洗

检测器的基线或背景噪声可能受检测条件和分离条件影响。长时间使用，基线噪声会逐渐增大，主要原因是那些能检测到的物质（后期流出物和/或柱填料的降解作用）从所用色谱柱中周期地洗脱出，使得基线发生变化。为降低噪声建议每日用强溶剂冲洗柱子（如甲醇或乙腈）；样品进行预处理以除去其后期流出物；用梯度洗脱除去每次进样分析的后期流出物。

第三节　液相色谱法的主要类型

高效液相色谱分离是根据各组分在固定相及流动相中的吸附能力、分配系数、离子交换作用或分子尺寸大小的差异进行分离。色谱分离的实质是样品分子与流动相以及固定相分子间的作用。根据分离机制的不同，高效液相色谱分液液分配色谱、液固吸附色谱、键合相色谱、离子交换色谱法、离子对色谱法、离子色谱法和空间排阻色谱法等类型。

一、液液分配色谱

液液分配色谱（partition chromatography，PC）是根据样品中各组分在固定相与流动相中的相对溶解度（分配系数）的差异进行分离的。流动相和固定相都是液体的色谱法即为液液色谱，一种液相为流动相，另一种是涂渍于载体上的固定相。从理论上说，流动相与固定相之间应互不相容，两者之间有一个明显的分界面，即固定液对流动相来说是一种很差的溶剂，而对样品组分却是一种很好的溶剂。是根据被分离的组分在流动相和固定相中溶解度不同而分离，分离过程是一个分配平衡过程，与两种互不相溶的液体在一个分液漏斗中进行的溶剂萃取相类似。液液分配色谱分离模型如图 3-6 所示。样品溶于流动相，并在其携带下通过色谱柱，样品组分分子穿过二相界面进入固定液中，进而很快达到分配平衡。由于各组分在二相中溶解度、分配系数的不同，使各组分获得分离，分配系数大的组分保留值大，最后流出色谱柱。

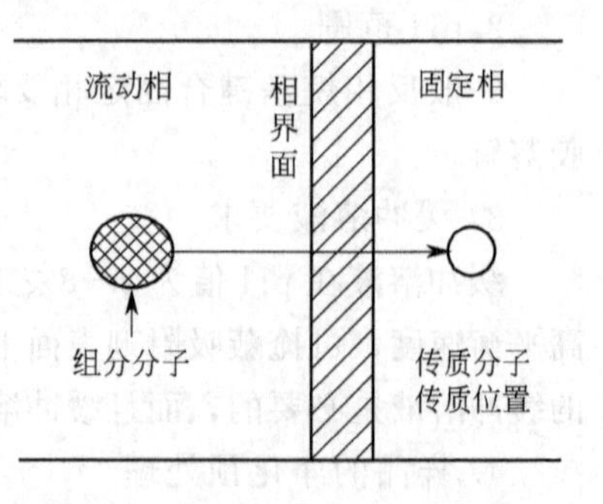

图 3-6　液液分配色谱分离模型

液液色谱法按固定相和流动相的极性不同可分为正相色谱法（NPC）和反相色谱法（RPC）。在正相分配色谱中，固定相的极性大于流动相的极性，组分在柱内的洗脱顺序按极性从小到大流出。在反相色谱中，固定相是非极性的，流动相是极性的，组分的洗脱顺序和正相色谱相反，极性大的组分先流出，极性小的组分后流出。正相色谱法与反相色谱法区别见表 3-3。

表 3-3 正相色谱法与反相色谱法区别

项　目	正相色谱法	反相色谱法
固定相	极性	非(弱)极性
流动相	非(弱)极性	极性
组分洗脱次序	极性小先流出	极性大先流出
流动相极性的影响	极性增加，k'减小	极性增加，k'增大

正相分配色谱法通常用于分离中等极性和极性较强的化合物（如酚类、胺类、羰基类及氨基酸类等），其固定相载体上涂布的是极性固定液，流动相是非极性溶剂，可以用来分离极性较强的水溶性样品，非极性组分先洗脱出来；反相分配液相色谱法适合于分离芳烃、稠环芳烃及烷烃等非极性和极性较弱的化合物，其固定相载体上涂布极性较弱或非极性固定液，流动相是极性较强的溶剂，可以用来分离油溶性样品，极性组分先被洗脱，非极性组分后被洗脱出来。

液液分配色谱主要优点是填充物重现性好，色谱柱使用上重现性好，比其他类型色谱法具有更广泛的适应性。有较多的相体系可供选用，可用惰性担体。适用于低温，避免了液固吸附色谱中样品水解、异构或气相色谱中热分解等问题。液液分配色谱可用于几乎所有类型化合物，极性的或非极性的、有机物或无机物、大分子或小分子物质的分离，只要官能团不同、或者官能团数目不同、或者是相对分子质量不同均可获得满意的分离。

二、液固吸附色谱

液固吸附色谱（liquid solid adsorption chromatography，LSAC），固定相是吸附剂，流动相是以非极性烃类为主的溶剂。它是根据混合物中各组分在固定相上吸附能力的差异进行分离的。当混合物在流动相（移动相或淋洗液）携带下通过固定相时，固定相表面对组分分子和流动相分子吸附能力不同，有的被吸附，有的脱附，产生一个竞争吸附，这样导致各组分在固定相上的保留值不同而达到最终分离。其作用机制是溶质分子（X）和溶剂分子（S）对吸附剂活性表面的竞争吸附，如图 3-7 所示，可用下式表示：

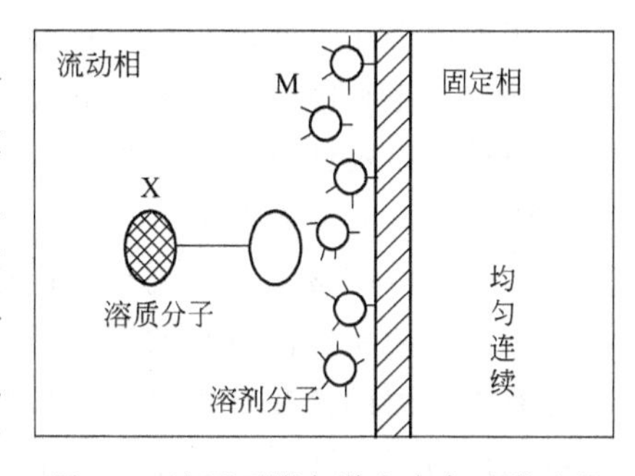

图 3-7 液固吸附色谱中竞争吸附过程

$$X_m + nS_a \longrightarrow X_a + nS_m$$

式中，X_m，X_a 为在流动相中和被吸附的溶质分子；S_a 为被吸附在表面上的溶剂分子；S_m 为在流动相中的溶剂分子；n 为被吸附的溶剂分子数。

溶质分子 X 被吸附，将取代固定相表面上的溶剂分子，这种竞争吸附达到平衡时，可用式(3-1) 表示：

$$K=\frac{[X_a][S_m]^n}{[X_m][S_a]^n} \tag{3-1}$$

式中，K 为吸附平衡系数，亦称分配系数。

式(3-1) 表明，如果溶剂分子吸附性更强，则被吸附的溶质分子将相应减少。显然，分配系数越大的组分，吸附剂对它的吸附力越强，保留值就越大。

组分与吸附剂性质相近时，易被吸附，具有高保留值；吸附剂表面具有刚性结构，组分分子构型与吸附剂表面活性中心的刚性几何结构相适应时，易于吸附，有高的保留值。在吸附色谱中如果采用极性吸附剂（如硅胶或矾土），则极性分子对吸附剂作用能力较强。由此可知，决定相对吸附作用的主要因素是官能团。官能团差别大的组分，在液固吸附色谱上可得到良好的选择性分离。对同系物的选择性分离弱。

液固吸附色谱法是最先创立的色谱法，也是最基本的一种柱色谱类型。液固色谱法具有传质快、分离速度快、分离效率高、易自动化进行等优点，适用于分离相对分子质量中等（小于 1000）、低挥发性化合物和非极性或中等极性的、非离子型的油溶性样品，异构体的分离，稠环芳烃及其羟基、氯化衍生物、类脂化合物、染料等的分离。

由于非线性等温吸附常引起峰的拖尾现象，具有良好重现性的吸附剂难以获得，样品易变性或损失，吸附剂可逆吸附使含水量变化或失活造成柱效不稳定，试样容量小需高灵敏度检测器。

三、键合相色谱

液液吸附色谱在色谱分离过程中由于固定液在流动相中有微量溶解，以及流动相通过色谱柱时的机械冲击，固定液会不断流失而导致保留行为变化、柱效和分离选择性变坏等不良后果。为了更好地解决固定液从载体上流失的问题，将各种不同有机基团通过化学反应共价键合到硅胶（载体）表面的游离羟基上，代替机械涂液的液体固定相，一种新型固定相——化学键合固定相应运而生，为色谱分离开辟了广阔的前景。这种固定相突出的特点是避免液体固定相流失的困扰，同时还改善了固定相的功能，提高了分离的选择性，适用于分离几乎所有类型的化合物。

根据键合相与流动相相对极性的强弱，可将化学键合相色谱法分为正相键合相色谱法和反相键合相色谱法。正相键合相色谱法以极性键合相（如氨基、氰基、醚基等极性有机基团键合在硅胶表面制成）作为固定相，流动相通常采用烷烃加适量极性调整剂，即流动相的极性比固定相弱。反相键合相色谱法使用极性较小的键合相（如苯基、烷基等极性较小的有机基团键合在硅胶表面制成）作为固定相，流动相通常以水作为基础溶剂，再加入一定量的能与水互溶的极性调整剂，固定相的极性比流动相极性弱。

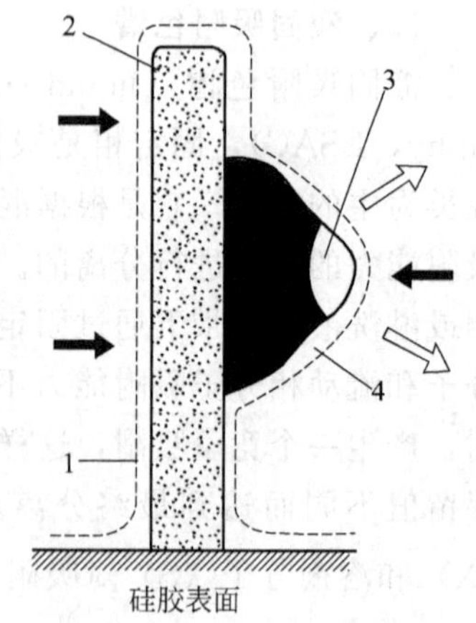

图 3-8　反相色谱中固定相表面上溶质分子与烷基键合相之间的缔合作用
（黑白箭头表示缔合物的形成和解缔）
1—溶剂膜；2—非极性烷基键合相；3—溶质分子的极性官能团部分；4—溶质分子的非极性部分

键合相色谱中的固定相特征和分离机制与分配色谱法都存在差异，一般认为，正相键合相色谱法的分离机制属于分配色谱，但对反相键合相色谱法分离机制的认识尚不一致，反相键合相色谱中固定相表面上溶质分子与烷基键合相之间的缔合作用如图 3-8 所示，多数人认为吸附与分配机制并存。正相键合相色谱法适用于分离中等极性和极性较强的化合物，而非极性、极性较弱的化合物或离子型化合物可采用反相键合相色谱法分离。反相键合相色谱法在现代液相色谱中应用最为广泛，据统计占整个 HPLC 应用的 80%左右。

四、离子交换色谱

离子交换色谱（IEC）是各种液相色谱法中最先得到广泛应用的现代液相色谱法，是在20 纪 60 年代初期随着氨基酸分析的出现而发展起来的。

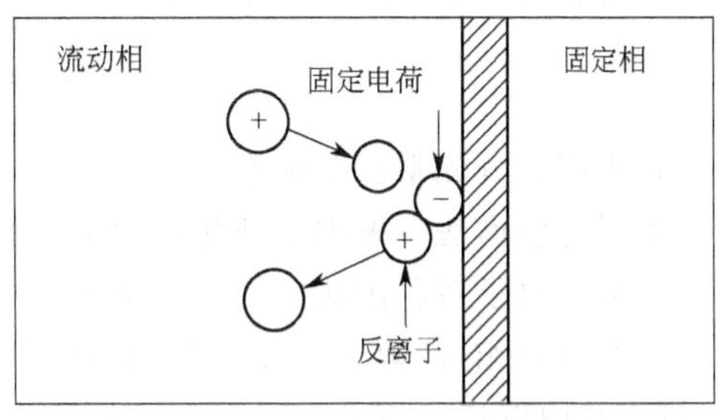

图 3-9　离子交换色谱分离模型

离子交换色谱以离子交换树脂作为固定相，树脂上具有固定离子基团和可电离的离子基团。能离解出阳离子的树脂称为阳离子交换树脂，能离解出阴离子的树脂称为阴离子交换树脂。当流动相携带组分离子通过固定相时，离子交换树脂上可电离的离子基团与流动相中具有相同电荷的溶质离子进行可逆交换，依据这些离子对交换剂具有不同的亲和力而将它们分离。它可用于分离测定离子型化合物，原则上凡是在溶剂中能够电离的物质通常都可以用离子交换色谱法来进行分离。

离子交换色谱分离机理如图 3-9 所示。这种方法只能分离在溶剂中能离解成离子的组分，固定相是带有固定电荷的活性基团的交换树脂，其离子交换平衡可表示如下。

阳离子交换：

$$M^{+}(\text{溶剂中})+(Na^{+-}O_3S\text{-树脂})\longrightarrow(M^{+-}O_3S\text{-树脂})+Na^{+}(\text{溶剂中}) \tag{3-2}$$

阴离子交换：

$$X^{-}(\text{溶剂中})+(Cl^{-+}R_4N\text{-树脂})\longrightarrow(X^{-+}R_4N\text{-树脂})+Cl^{-}(\text{溶剂中}) \tag{3-3}$$

从式(3-2) 可以看到，溶剂中的阳离子 M^+ 与树脂中的 Na^+ 交换以后，溶剂中的 M^+ 进入树脂，而 Na^+ 进入溶剂里，最终达到平衡。同样，在式(3-3) 中，溶剂中的阴离子 X^- 与树脂中的 Cl^- 进行交换，达平衡后，服从下式：

$$K=\frac{[-NR_4^+X^-][Cl^-]}{[-NR_4^+Cl^-][X^-]}$$

分配系数 K 表示了离子交换过程达到平衡后的组分离子和洗脱液中离子在两相中的分配情况。K 值越大，组分离子与交换剂的作用越强，组分的保留时间也越长。因此，在离子交换色谱中可以通过改变洗脱液中离子种类、浓度以及 pH 值来改变离子交换的选择性和交换能力。

离子交换色谱法主要用来分离离子或可离解的化合物，它不仅应用于对无机离子的分离，例如碱、盐类、金属离子混合物和稀土化合物及各种裂变产物；还用于对有机物的分离，例如有机酸、同位素、水溶性药物及代谢物。在化工、医药、生化、冶金、食品等领域获得了广泛的应用。

五、离子对色谱

各种强极性的有机酸、有机碱的分离分析是液相色谱法中的重要课题。离子对色谱法是将一种（或多种）与溶质分子电荷相反的离子（称为对离子或反离子）加到流动相或固定相中，使其与溶质离子结合形成离子对化合物，从而控制溶质离子的保留行为。在色谱分离过程中，流动相中待分离的有机离子 X^+（也可以是带负电荷的离子）与固定相或流动相中带相反电荷的对离子 Y^-结合，形成离子对化合物 X^+Y^-，然后在两相间进行分配：

$$X^{+}_{\text{水相}}+Y^{-}_{\text{水相}}\rightleftharpoons X^{+}Y^{-}_{\text{有机相}} \tag{3-4}$$

K_{XY}是其平衡常数：

$$K_{XY}=\frac{[X^+Y^-]_{有机相}}{[X^+]_{水相}[Y^-]_{水相}} \tag{3-5}$$

根据定义，溶质的分配系数 D_X 为：

$$D_X=\frac{[X^+Y^-]_{有机相}}{[X^+]_{水相}}=K_{XY}[Y^-]_{水相} \tag{3-6}$$

这表明，分配系数与水相中对离子 Y^- 的浓度和 K_{XY}有关。

离子对色谱法，根据流动相和固定相的性质可分为正相离子对色谱法和反相离子对色谱法。在反相离子对色谱法中（更为常用的离子对色谱法），采用非极性的疏水固定相（例如十八烷基键合相），含有对离子 Y^- 的甲醇-水（或乙腈-水）溶液作为极性流动相。试样离子 X^+ 进入柱内以后，与对离子 Y^- 生成疏水性离子对 X^+Y^-。后者在疏水性固定相表面分配或吸附。此时待分离组分 X^+ 在两相中的分配系数符合式（3-6），其容量因子 k 为：

$$k=D_X\frac{V_S}{V_M}=K_{XY}[Y^-]_{水相}\frac{1}{\beta} \tag{3-7}$$

将上式与保留时间公式结合可整理得：

$$t_R=\frac{L}{u}\left(1+K_{XY}[Y^-]_{水相}\frac{1}{\beta}\right) \tag{3-8}$$

式中，β 为相比；u 为流动相线速度；L 为色谱柱长。

可见保留值随 K_{XY}和 $[Y^-]_{水相}$的增大而增大。平衡常数 K_{XY}决定了对离子和有机相的性质。对离子的浓度是控制反相离子对色谱溶质保留值的主要因素，可在较大范围内改变分离的选择性。

离子对色谱法，特别是反相离子对色谱法解决了以往难分离混合物的分离问题，诸如酸、碱和离子、非离子的混合物，特别是对一些生化样品如核酸、核苷、儿茶酚胺、生物碱以及药物等的分离。另外，还可借助离子对的生成给样品引入紫外吸收或发荧光的基团，以提高检测的灵敏度。

适用强极性的有机酸、有机碱和离子、非离子的混合物；特别对一些生化试样如核酸、核苷、儿茶酚胺、生物碱以及药物等的分离；还可借助离子对的生成，给试样引入紫外吸收或发荧光的基团，以提高检测灵敏度。

六、离子色谱

离子色谱是20世纪70年代中期发展起来的一项新的液相色谱法，很快发展成为水溶液中阴离子分析的最佳方法。在这种方法中用离子交换树脂为固定相，电解质溶液为流动相。通常以电导检测器为通用检测器，为消除流动相中强电解质背景离子对电导检测器的干扰，设置了抑制柱。图3-10所示为典型的双柱型离子色谱仪流程。试样组分在分离柱和抑制柱上的反应原理与离子交换色谱法相同。例如在阴离子分析中，试样通过阴离子交换树脂时，流动相中待测阴离子（以 Br^- 为例）与树脂上的 OH^- 离子交换。洗脱反应则为交换反应的逆过程：

$$R—OH^-+Na^+Br^-\underset{洗脱}{\overset{交换}{\rightleftharpoons}}R—Br^-+Na^+OH^- \tag{3-9}$$

式中，R代表离子交换树脂。

在阴离子分离中，最简单的洗脱液是NaOH，洗脱过程中 OH^- 离子从分离柱的阴离子交换位置置换待测阴离子 Br^-。当待测阴离子从柱中被洗脱下来进入电导池时，要求能检测出洗脱液中电导的改变。但洗脱液中 OH^- 的浓度要比试样阴离子浓度大得多才能使分离柱正常工作。因此，与洗脱液的电导值相比，由于试样离子进入洗脱液而引起电导的改变就非常小，其结果是用电导检测器直接测定试样中阴离子的灵敏度极差。若使分离柱流出的洗脱液通过填充有高容量 H^+ 型阳离子交换树脂的抑制往，则在抑制柱上将发生两个非常重要的交换反应：

$$R—H^+ + Na^+OH^- \longrightarrow R—Na^+ + H_2O \tag{3-10}$$

$$R—H^+ + Br^-Na^+ \longrightarrow R—Na^+ + H^+Br^- \tag{3-11}$$

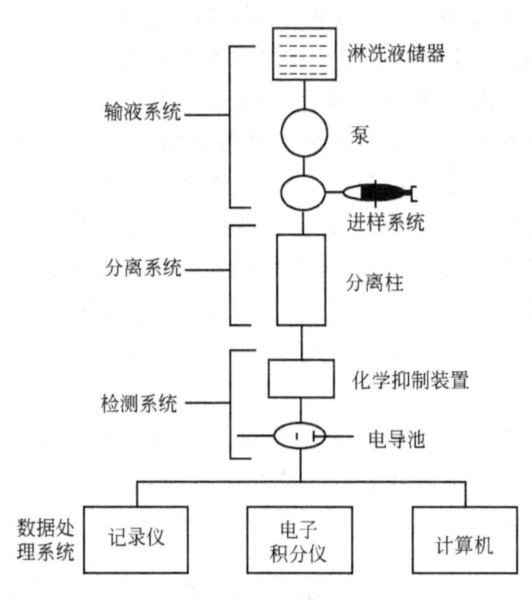

图 3-10　双柱型离子色谱仪流程

由此可见，从抑制柱流出的洗脱液中，洗脱液（NaOH）已被转变成电导值很小的水，消除了水底电导的影响；试样阴离子则被转变成其相应的酸，由于 H^+ 的离子浓度 7 倍于 Na^+，这就大大提高了所测阴离子的检测灵敏度。

在阳离子分析中，也有相似的反应。此时以阳离子交换树脂作分离柱，一般用无机酸为洗脱液，洗脱液进入阳离子交换柱洗脱分离阳离子后，进入填充有 OH^- 型高容量阴离子交换树脂的抑制柱，将酸（即洗脱液）转变为水：

$$R—OH^- + H^+Cl^- \longrightarrow R—Cl^- + H_2O$$

同时，将样品阳离子 M^+ 转变成其相应的碱：

$$R—OH^- + M^+Cl^- \longrightarrow R—Cl^- + M^+OH^-$$

因此，抑制反应不仅降低了洗脱液的电导，而且由于 OH^- 的离子强度为 Cl^- 的 2.6 倍，从而提高了所测阳离子的检测灵敏度。

双柱型离子色谱法又称为化学抑制型离子色谱法。如果选用低电导的洗脱液（流动相），如 $(1\sim5)\times10^{-4}$ mol/L 的苯甲酸盐或邻苯二甲酸盐等稀溶液，不仅能有效地分离、洗脱分离柱上的各个阴离子，而且背景电导较低，能显示样品中痕量 F^-、Cl^-、NO_3^- 和 SO_4^{2-} 等阴离子的电导。这称为单柱型离子色谱法，又称为非抑制型离子色谱法，其分析流程类似于通常的高效液相色谱法，其分离柱直接联结电导检测器而不采用抑制柱。阳离子分离可选用稀硝酸、乙二胺硝酸盐稀溶液等作为洗脱液。洗脱液的选择是单柱法中最重要的问题，除与分析的灵敏度及检测限有关外，还决定着能否将样品组分分离。

离子色谱法是目前唯一能获得快速、灵敏、准确和多组分分析效果的方法，检测手段已扩展到电化学检测器、紫外光度检测器等。可分析的离子正在增多，从无机和有机阴离子到金属阳离子，从有机阳离子到糖类、氨基酸等均可用离子色谱法进行分析。

七、空间排阻色谱

空间排阻色谱法也称为凝胶色谱。溶质分子在多孔填料表面上受到的排斥作用称为排阻(exclusion)。空间排阻色谱法（size exclusion chromatography，SEC）的固定相是化学惰性的多孔性物质（凝胶）。根据所用流动相的不同，凝胶色谱可分为两类，一类用水溶液作流动相的称为凝胶过滤色谱；另一类用有机溶剂作流动相的称为凝胶渗透色谱。

空间排阻色谱法的分离机理与其他色谱法完全不同。它类似于分子筛的作用，但凝胶的孔径比分子筛要大得多，一般为数纳米到数百纳米。在排阻色谱中，组分和流动相、固定相之间没有力的作用，分离只与凝胶的孔径分布和溶质的流体力学体积或分子大小有关。当被分离混合物随流动相通过凝胶色谱柱时，大于凝胶孔径的组分大分子，因不能渗入孔内而被流动相携带着沿凝胶颗粒间隙最先淋洗出色谱柱；组分的中等体积分子能渗透到某些孔隙，但不能进入另一些更小的孔隙，它们以中等速度淋洗出色谱柱；小体积的组分分子可以进入所有孔隙，因而被最后淋洗出色谱柱，由此实现分子大小不同的组分的分离。凝胶色谱分离过程模型如图 3-11 所示。分子大小不同，渗透到固定相凝胶颗粒内部的程度和比例不同，被滞留在柱中的程度不同，保留值不同。洗脱次序将取决于相对分子质量的大小，相对分子质量大的先洗脱。分子的形状也同相对分子质量一样，对保留值有重要的作用。

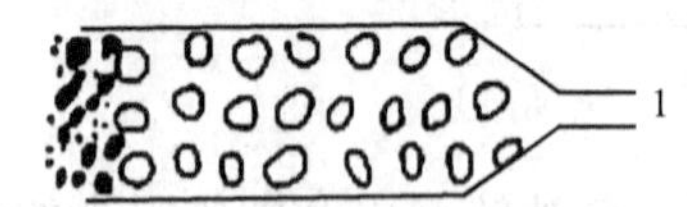

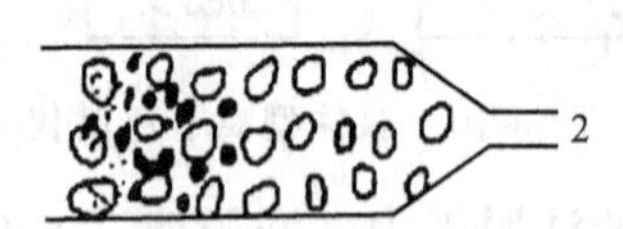

图 3-11　凝胶色谱分离过程模型

空间排阻色谱法是高效液相色谱中最易操作的一种技术，不必用梯度淋洗，出峰快，峰形窄，可采用灵敏度较低的检测器、柱寿命长。它可以分离相对分子质量 $100\sim8\times10^5$ 的任何类型化合物，只要能溶于流动相即可，如分离大分子蛋白质、核酸等，测定合成高聚物相对分子质量的分布等。在分离低相对分子质量物质时，其分离度更大。对于同系物来说，相对分子质量大的先流出色谱柱，相对分子质量小的后流出色谱柱，可实现按相对分子质量大小顺序的分离。其缺点是不能分辨分子大小相近的化合物，相对分子质量差别必须大于10%或相对分子质量相差 40 以上才能得以分离。

八、高效液相色谱分离类型的选择

高效液相色谱每种分离类型都有其自身的特点和适用范围，没有一种类型可以通用于所有领域，它们往往互相补充。一般情况，选择最有效的分离类型，应考虑样品来源、样品的性质（相对分子质量、化学结构、极性、化学稳定性、溶解度参数等化学性质和物理性质）、分析目的要求、液相色谱分离类型的特点及应用范围、实验室条件（仪器、色谱柱等）等一系列因素。

相对分子质量较低、挥发性较高的样品，适于用气相色谱法。标准的液相色谱类型（液固、液液、离子交换、离子对色谱、离子色谱等）适用于分离相对分子质量为 200～2000 的样品，而相对分子质量大于2000的则宜用空间排阻色谱法，此时可判定样品中具有高相对分子质量的聚合物、蛋白质等化合物，以及做出相对分子质量的分布情况。因此在选择时应了解、熟悉各种液相色谱类型的特点。

了解样品在多种溶剂中的溶解情况，可有利于分离类型的选用，例如对能溶解于水的样品可采用反相色谱法。若溶于酸性或碱性水溶液，则表示样品为离子型化合物，以采用离子交换色谱法、离子对色谱法或离子色谱法为佳。

对非水溶性样品（很多有机物属此类），弄清它们在烃类（戊烷、己烷、异辛烷等）、芳烃（苯、甲苯等）、二氯甲烷或氯仿、甲醇中的溶解度是很有用的。如可溶于烃类（如苯或异辛烷），可选用液固吸附色谱；如溶于二氯甲烷或氯仿，则多用正相色谱和吸附色谱；如溶于甲醇等，则可用反相色谱。一般用吸附色谱来分离异构体，用液液分配色谱来分离同系物，空间排阻色谱可适用于溶于水或非水溶剂、分子大小有差别的样品。分离类型的选择如图3-12所示。

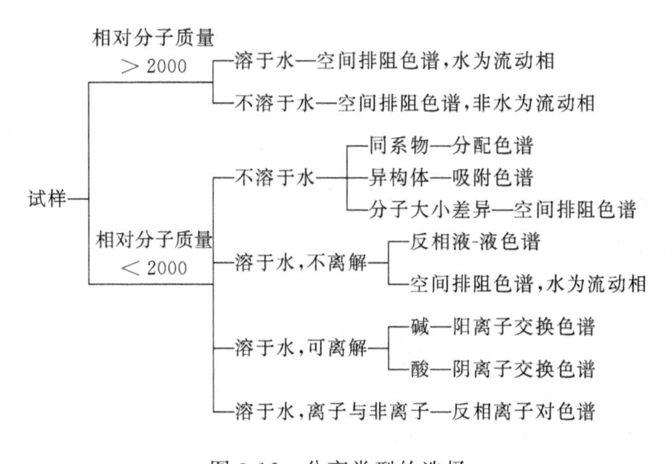

图3-12　分离类型的选择

本章小结

一、基本概念

高效液相色谱法，固定相，流动相，液液分配色谱法，液固吸附色谱法，键合相色谱法，离子交换色谱法，离子对色谱法，离子色谱法，空间排阻色谱法。

二、基本理论

1. 液相色谱固定相

(1) 液液色谱固定相　全多孔型担体，表层多孔型担体。

(2) 液固吸附色谱固定相　极性吸附剂，非极性吸附剂。

(3) 化学键合固定相　硅酯型键合相，硅氧烷型键合相，硅碳型键合相。

(4) 离子交换色谱固定相　阳离子交换树脂，阴离子交换树脂。

(5) 空间排阻色谱固定相　软质凝胶，半硬质凝胶，硬质凝胶。

2. 液相色谱流动相

(1) 液液分配色谱流动相。

(2) 液固吸附色谱流动相。
(3) 键合相色谱流动相。
(4) 离子交换色谱流动相。
(5) 空间排阻色谱流动相。
(6) 流动相的预处理。
3. 液相色谱操作的注意事项
4. 高效液相色谱分离类型的选择

三、高效液相色谱仪

1. 高压输液系统
2. 进样系统
(1) 六通阀进样器。
(2) 自动进样器。
(3) 注射器。
3. 分离系统
4. 检测系统
(1) 紫外光度检测器。
(2) 示差折射检测器。
(3) 荧光检测器。
(4) 电化学检测器。

思考与练习

1. 在分配色谱法与键合相色谱法中，选择不同类别的溶剂（分子间作用力不同），以改善分离度，主要是(　　)。
A. 提高分配系数比　B. 容量因子增大　C. 保留时间增长　D. 色谱柱柱效提高
2. 分离结构异构体，在下述四种方法中最适当的选择是(　　)。
A. 吸附色谱　　　　B. 反离子对色谱　C. 亲和色谱　　　D. 空间排阻色谱
3. 吸附作用在下面色谱方法中起主要作用的是(　　)。
A. 液液色谱法　　　B. 液固色谱法　　C. 键合相色谱法　D. 离子交换法
4. 如果样品比较复杂，相邻两峰间距离太近或操作条件不易控制稳定，要准确测量保留值有一定困难时，可选择(　　)方法定性。
A. 利用相对保留值定性　　　　B. 加入已知物增加峰高的办法定性
C. 利用文献保留值数据定性　　D. 与化学方法配合进行定性
5. 高压、高效、高速是现代液相色谱的特点，采用高压主要是由于(　　)。
A. 可加快流速，缩短分析时间　B. 高压可使分离效率显著提高
C. 采用了细粒度固定相所致　　D. 采用了填充毛细管柱
6. 不同类型的有机物，在极性吸附剂上的保留顺序是(　　)。
A. 饱和烃、烯烃、芳烃、醚　　B. 醚、烯烃、芳烃、饱和烃
C. 烯烃、醚、饱和烃、芳烃　　D. 醚、芳烃、烯烃、饱和烃
7. 在液相色谱中，常用作固定相又可用做键合相基体的物质是(　　)。
A. 分子筛　　B. 硅胶　　C. 氧化铝　　D. 活性炭

8. 在空间排阻色谱法中，由于色谱柱昂贵，分离的优化也主要是通过改变流动相的极性来实现的。这种说法对吗？为什么？
9. 何谓正相液相色谱？何谓反相液相色谱？
10. 什么是化学键合固定相？它的突出优点是什么？
11. 液相色谱流动相的选择需考虑哪些方面？
12. 指出下列各种色谱法最适宜分离的物质。
①液液分配色谱法；②液固吸附色谱法；③离子交换色谱法；④离子对色谱法；⑤离子色谱法；⑥化学键合色谱法；⑦空间排阻色谱法
13. 对下列试样，用液相色谱分析，应采用哪一种检测器：①长链饱和烷烃的混合物；②水源中多环芳烃化合物。
14. 何谓液相色谱洗脱液？液相色谱对洗脱液有何要求？
15. 某天然化合物的相对分子质量大于 400，你认为用什么方法分析比较合适？
16. 在离子交换色谱中，流动相中盐的浓度及 pH 值对组分的保留值有什么影响？
17. 用甲苯做流动相时，不能使用哪种检测器？
18. 在硅胶分离柱上，用甲苯做流动相，某组分的保留时间为 25min。若改用四氯化碳或三氯甲烷做流动相，分析哪种溶剂能缩短该组分的保留时间？
19. 用 25cm 长的 ODS 柱分离两个组分，已知在实验条件下，测得苯的保留时间 $t_R=4.65$min，半峰宽 $W_{1/2}=0.77$min；萘的保留时间 $t_R=7.37$min，半峰宽 $W_{1/2}=1.15$min，记录走纸速度为 5.0mm/min，计算柱效与分离度。

实训 3-1 可口可乐、咖啡中咖啡因的高效液相色谱分析

一、实验目的

1. 了解可乐、咖啡等中咖啡因含量的测定原理。
2. 进一步掌握高效液相色谱仪的操作方法。
3. 熟悉高效液相色谱的定量方法（外标法）。
4. 学习保护柱的使用。

二、原理

咖啡因的甲醇液在 286nm 波长下有最大吸收，其吸收值的大小与咖啡因浓度成正比，样品通过高效液相色谱分离，以保留时间定性，峰面积定量。

三、仪器与试剂

仪器：高效液相色谱仪，紫外检测器；50μL 微量注射器，ODS C_{18}柱，预柱 Resave™ C_{18}；超声波清洗器；0.45μm 微孔滤膜。

试剂：甲醇（色谱纯）；乙腈（优级纯）；三氯甲烷：分析纯（必要时需重蒸）；无水硫酸钠（分析纯）；氯化钠（分析纯）；咖啡因标准品：纯度 98%以上。

四、操作步骤

1. 样品的处理

（1）可乐型饮料

样品超声脱气 5min，取脱气试样通过微孔滤膜，弃去初滤液，取后 5mL 滤液作 HPLC 分析用。

（2）咖啡及其制品

称取 2g 已经粉碎，且小于 30 目的均匀样品或液体样品放入 150mL 烧杯中，先加 2～

3mL 超纯水，再加 50mL 三氯甲烷，摇匀，在超声处理机上萃取 1min（30s 两次），静置 30min，分层。将萃取液倾入另一个 150mL 烧杯。在样品中再加 50mL 三氯甲烷，重复上述萃取步骤，弃去样品，合并两次萃取液，加入少许无水硫酸钠和 5mL 饱和氯化钠，过滤，滤入 100mL 容量瓶中，用三氯甲烷定容至 100mL，最后取 10mL 滤液经微孔滤膜过滤，弃去初滤液 5mL，保留后 5mL 滤液作 HPLC 分析用。

2. 高效液相色谱参考条件

色谱柱：μBONDAPAK™ C_{18} 3.9。

预柱：Resave™ C_{18}

流动相：甲醇＋乙腈＋水（57＋29＋14），每升流动相中加入 0.8mol/L 乙酸液 50mL。

流速：1.5mL/min。

3. 标准曲线的绘制

用甲醇配制成咖啡因浓度分别为 0、20μg/mL、50μg/mL、100μg/mL、150μg/mL 的标准系列，然后分别进样 10μL 于 286nm 测量峰面积，做峰面积-咖啡因浓度的标准曲线。

4. 样品测定

从试样中吸取可乐饮料 10μL 或咖啡及其制品 10μL 进样，于 286nm 处测其峰面积，然后根据标准曲线（或直线回归方程）得出试样的峰面积相当于咖啡因的浓度 c（μg/mL）。同时做试剂空白。

五、数据记录与处理

根据标准曲线得出样品的峰面积相当于咖啡因的浓度 c（μg/mL）。

$$\text{可乐型饮料中咖啡因含量(mg/L)} = c$$

$$\text{咖啡中咖啡因含量(mg/100g)} = \frac{c \times V \times 100}{m \times 1000}$$

式中，c 为由标准曲线求得试样稀释液中咖啡因的浓度，μg/mL；V 为试样定容体积，mL；m 为试样质量，g。

六、注意事项

1. 色谱柱的个体差异很大，因此，色谱条件（主要是流动相配比）应根据所用色谱柱的实际情况作适当的调整。

2. 咖啡及其制品组成较复杂，需要在进样之前进行预处理并使用保护柱，以防止污染色谱柱。

七、思考题

1. 试述高效液相色谱外标法定量的优点。

2. 高效液相色谱法流动相选择依据是什么？

实训 3-2　果汁（苹果汁）中有机酸的分析

一、实训目的

学习果汁样品的预处理和分析方法。

二、原理

在食品中，主要的有机酸是乙酸、乳酸、丁二酸、苹果酸、柠檬酸、酒石酸等。这些有机酸在水溶液中都有较大的离解度。有机酸在波长 210nm 附近有较强的吸收。苹果汁中的有机酸主要是苹果酸和柠檬酸，可以用反相高效液相色谱、离子交换色谱、离子排斥色谱等方法分析，本实验采用反相高效液相色谱法。在酸性（如 pH 值为 2～5）流动相条件下，上述有机酸的离解得到抑制，利用分子状态的有机酸的疏水性，使其在 ODS 色谱柱中保留。不同有机酸的疏水性不同，疏水性大的有机酸在固定相中保留强，疏水性小的有机酸在固定相中保留弱，以此得到分离。

本实验采用外标法定量苹果汁中的苹果酸和柠檬酸。

三、仪器与试剂

仪器：PE200 型高效液相色谱仪或其他型号液相色谱仪（普通配置，带紫外检测器）；色谱工作站或其他色谱工作站；色谱柱：PE Brownlee C_{18} 反相键合相色谱柱 [5μm，4.6mm i.d.（内径）×150mm]；25μL 平头微量注射器；超声波清洗器；流动相过滤器；无油真空泵；50mL 烧杯 3 个；250mL 容量瓶 2 个；50mL 容量瓶 3 个；50mL 移液管 2 支。

试剂：苹果酸和柠檬酸标准溶液；优级纯磷酸二氢铵；蒸馏水；市售苹果汁。

四、操作步骤

1. 准备工作

(1) 流动相的预处理

称取优级纯磷酸二氢铵 460mg（准确称至 0.1mg）于一洁净 50mL 小烧杯中，用蒸馏水溶解，定量移入 1000mL 容量瓶，并稀释至标线（此溶液浓度为 4mmol/L）。用 0.45μm 水相滤膜减压过滤，脱气。

取蒸馏水 1000mL，用水相滤膜过滤后，置于原瓶中，备用。

(2) 标准溶液的配制

① 标准贮备液的配制。称取优级纯苹果酸和柠檬酸 250mg 于 2 个 50mL 干净小烧杯中，用蒸馏水溶解，分别定量移入两个 250mL 容量瓶，并稀释至标线。此为苹果酸和柠檬酸的标准储备液。

② 混合标准溶液的配制。分别移取苹果酸和柠檬酸的标准储备液各 5mL 于一个 50mL 容量瓶，定容、摇匀，此为苹果酸和柠檬酸的混合标准溶液，其中苹果酸和柠檬酸的浓度均为 100mg/L。

(3) 试样的预处理

市售苹果汁用 0.45μm 水相滤膜减压过滤后，置于冰箱中冷藏保存。

(4) 色谱柱的安装和流动相的更换

将 PE Brownlee C_{18} 色谱柱（5μm，4.6mm i.d.×150mm）安装在色谱仪上，将流动相更换成已处理过的 4mmol/L 磷酸二氢铵溶液。

(5) 高效液相色谱仪的开机

开机，将仪器调试到正常工作状态，流动相流速设置为 1.0mL/min；柱温 30～40℃；紫外检测波长 210nm。

2. 苹果酸、柠檬酸标准溶液的分析测定

基线稳定后，用 25μL 平头微量注射器分别进样苹果酸和柠檬酸标准溶液各 20μL，记录下样品名对应的文件名，并打印出优化处理后的色谱图和分析结果。

3. 苹果汁样品的分析测定

重复注射苹果汁样品 20μL 三次，分析结束后记录下样品名对应的文件名，并打印出优化处理后的色谱图和分析结果。

将苹果汁样品的分离谱图与苹果汁和柠檬酸标准溶液色谱图比较即可确认苹果汁中苹果酸和柠檬酸的峰位置。

4. 混合标准溶液的分析测定

进样 100mg/L 苹果酸和柠檬酸混合标准溶液 20μL，分析完毕后，记录好样品名对应的文件名，并打印出优化后的色谱图和分析结果。

5. 结束工作

(1) 所有样品分析完毕后，按正常的步骤关机。

(2) 清理台面，填写仪器使用记录。

五、注意事项

如果苹果酸和柠檬酸与邻近峰分离不完全，应适当调整流动相配比和流速，再重复实验。

六、数据记录与处理

参照下表整理出苹果汁中苹果酸和柠檬酸的分析结果。

成分	测定次数	保留时间/min	各次测定值/(mg/L)	平均值/(mg/L)
苹果酸	1			
	2			
	3			
柠檬酸	1			
	2			
	3			

七、思考题

1. 假设用 50% 的甲醇或乙醇作流动相，你认为有机酸的保留值是变大还是变小。分离效果会变好还是变坏。说明理由。

2. 如果用酒石酸作内标定量苹果酸和柠檬酸，对酒石酸有什么要求。写出该内标法的操作步骤和分析结果的计算方法。

第四章　质谱分析法

质谱分析法主要是通过对样品的离子的质荷比的分析而实现对样品进行定性和定量的一种方法。因此，质谱仪都必须有电离装置把样品电离为离子，有质量分析装置把不同质荷比的离子分开，经检测器检测之后可以得到样品的质谱图，由于有机样品、无机样品和同位素样品等具有不同形态、性质和不同的分析要求，所以，所用的电离装置、质量分析装置和检测装置有所不同。但是，不管是哪种类型的质谱仪，其基本组成是相同的。都包括离子源、质量分析器、检测器和真空系统。

质谱是确定化合物相对分子质量的有力手段，它不仅能够准确测定分子的质量，而且可以确定化合物的化学式和进行结构分析。本章内容包括质谱分析法原理、质谱图和主要离子峰以及质谱分析法的应用。

质谱法的特点如下。

(1) 信息量大，应用范围广，是研究有机化学和结构的有力工具。

(2) 由于分子离子峰可以提供样品分子的相对分子质量的信息，所以质谱法也是测定相对分子质量的常用方法。

(3) 分析速度快、灵敏度高、高分辨率的质谱仪可以提供分子或离子的精密测定。

(4) 质谱仪器较为精密，价格较贵，工作环境要求较高，给普及带来一定的限制。

质谱法分类：按照不同的分类方法，可以有不同的分类。按照质谱法用途分类，可分为有机质谱、无机质谱、同位素质谱；按照质谱法原理分类，可分为单聚焦质谱、双聚焦质谱、四极质谱、飞行时间质谱、回旋共振质谱；按质谱联用分类，可分为气质联用、液质联用、质质联用。

第一节　质谱法原理

质谱法（mass spectrometry，MS），即用电场和磁场将运动的离子（带电荷的原子、分子或分子碎片）按照离子的质荷比大小进行分离检测的方法。测出了离子的准确质量，就可以确定离子的化合物组成。这是由于核素的准确质量是一个多位小数，绝不会有两个核素的质量是一样的，而且绝不会有一种核素的质量恰好是另一核素质量的整数倍。

一、质谱法原理

使试样中各组分电离生成不同质荷比的离子，经加速电场的作用，形成离子束，进入质量分析器，利用电场和磁场使发生相反的速度色散——离子束中速度较慢的离子通过电场后偏转大，速度快的偏转小；在磁场中离子发生角速度矢量相反的偏转，即速度慢的离子依然偏转大，速度快的偏转小；当两个场的偏转作用彼此补偿时，它们的轨道便相交于一点。与此同时，在磁场中还能发生质量的分离，这样就使具有同一质荷比而速度不同的离子聚焦在同一点上，不同质荷比的离子聚焦在不同的点上，将它们分别聚焦而得到质谱图，从而确定其质量。质谱法原理示意如图 4-1 所示。

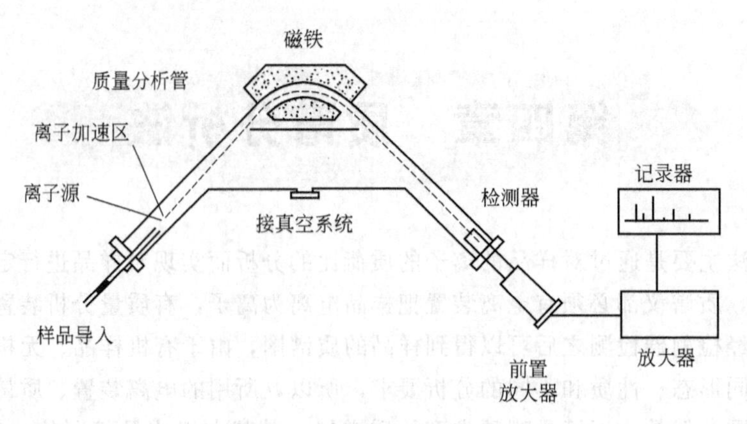

图 4-1 质谱法原理示意

二、质谱分析工作过程

首先将样品送入加热槽中，抽真空达 10^{-5} Pa，加热使样品气化，让样品蒸气进入电离室。也可以用探针将样品送入电离室。分别称为加热进样法和直接进样法。样品分子在电离室中被高能电子流轰击，首先打掉一个电子形成分子离子，部分分子离子在电子流的撞击下，进一步裂解为较小的离子或中性碎片。样品分子也可能一次打掉两个或多个电子而形成多电荷离子，但概率很小。其中正电荷离子进入下一部分，即加速室。加速室是一个高压静电场。正电荷得到加速后进入分离管，分离管为具有一定半径的圆形轨道。在分离管四周的均匀磁场作用下，离子的运动由直线变为匀速圆周运动。经收集器狭缝到达收集器，而进入检测系统，最后被记录下来。

三、质谱法的主要作用

①准确测定物质的相对分子质量；②根据碎片特征进行化合物的结构分析。分析时，首先将分子离子化，然后利用离子在电场或磁场中运动的性质，把离子按质核比大小排列成谱，此即为质谱。

第二节 质 谱 仪

利用运动离子在电场和磁场中偏转原理设计的仪器称为质谱计或质谱仪。质谱法的仪器种类较多，根据使用范围，可分为无机质谱仪和有机质谱仪。常用的有机质谱仪有单聚焦质谱仪、双聚焦质谱仪和四极矩质谱仪。目前后两种用得较多，而且多与气相色谱仪和电子计算机联用。

质谱仪分析过程为进样；离子化；离子因撞击强烈形成碎片离子、荷电离子被加速电压加速；改变加速电压或磁场强度，不同 m/z 的离子依次通过狭缝到达检测器，形成质量谱。

一、真空系统

质谱仪必须在高真空下才能工作。用以取得所需真空度的阀泵系统，一般由前级泵（常用机械泵）和油扩散泵或分子涡轮泵等组成。扩散泵能使离子源保持在 10^{-3}～10^{-5} Pa 的真空度。有时在分析器中还有一只扩散泵，能维持 10^{-6} Pa 的真空度。

二、进样系统

进样系统可分直接注入、气相色谱、液相色谱、气体扩散四种方法。固体样品通过直接进样杆将样品注入，加热使固体样品转为气体分子。对不纯的样品可经气相或液相色谱预先分离后，通过接口引入。液相色谱-质谱接口有传动带接口、直接液体接口和热喷雾接口。热喷雾接口是最新提出的一种软电离方法，能适用于高极性反相溶剂和低挥发性的样品。样品由极性缓冲溶液以1～2mL/min流速通过一毛细管。控制毛细管温度，使溶液接近出口处时，蒸发成细小的喷射流喷出。微小液滴还保留有残余的正负电荷，并与待测物形成带有电解质或溶剂特征的加合离子而进入质谱仪。进样系统如图4-2所示。

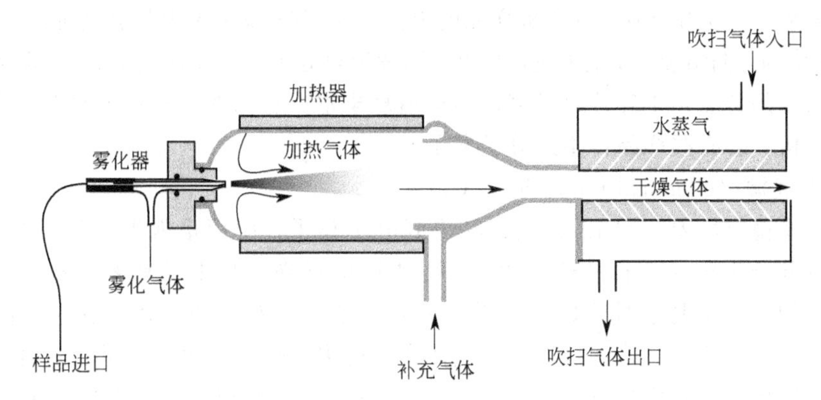

图4-2 进样系统示意

三、离子源

离子源的作用是将欲分析样品电离，得到带有样品信息的离子。质谱仪的离子源种类很多，现将主要的离子源介绍如下。应用最广的电离方法是电子电离（electron ionization，EI），其他还有化学电离（chemical ionization，CI）、快原子轰击（fast atom bombardment，FAB）、电喷雾源（electronspray ionization，ESI）、大气压化学电离（atmospheric pressure chemical ionization，APCI）、基质辅助激光解吸电离（matrix assisted laser desorption ionization，MALDI），其中快原子轰击特别适合测定挥发性小和对热不稳定的化合物。

1. 电子电离源（electron ionization，EI）

电子电离源又称EI源，是应用最为广泛的离子源，它主要用于对挥发性样品的电离。图4-3是电子电离源的原理，由GC或直接进样杆进入的样品，以气体形式进入离子源，由灯丝F发出的电子与样品分子发生碰撞，使样品分子电离。一般情况下，灯丝F与接收极T之间的电压为70V，所有的标准质谱图都是在70eV下做出的。在70eV电子碰撞作用下，有机物分子被打掉一个电子形成分子离子（有机化合物的电离电位为8～15eV），也可能会发生化学键的断裂形成碎片离子。由分子离子可以确定化合物相对分子质量，由碎片离子可以得到化合物的结构。对于一些不稳定的化合物，在70eV的电子轰击下很难得到分子离子。为了得到相对分子质量，可以采用1020eV的电子能量，不过此时仪器灵敏度将大大降低，需要加大样品的进样量。而且，得到的质谱图不再是标准质谱图。

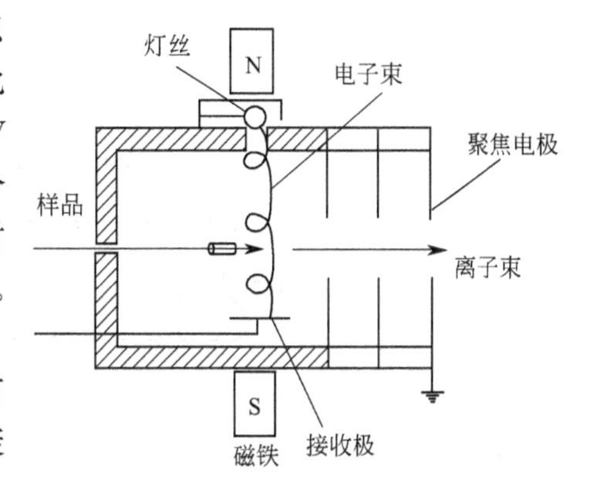

图4-3 电子电离源原理

离子源中进行的电离过程是很复杂的过程，有专门的理论对这些过程进行解释和描述。在电子轰击下，样品分子可能有四种不同途径形成离子。

① 样品分子被打掉一个电子形成分子离子。

② 分子离子进一步发生化学键断裂形成碎片离子。

③ 分子离子发生结构重排形成重排离子。

④ 通过分子离子反应生成加合离子。

此外，还有同位素离子。这样，一个样品分子可以产生很多带有结构信息的离子，对这些离子进行质量分析和检测，可以得到具有样品信息的质谱图。

电子电离源主要适用于易挥发有机样品的电离，GC-MS 联用仪中都有这种离子源。另外，可在平行电子束的方向附加一个弱磁场，使电子沿螺旋轨道前进，增加碰撞机会，提高灵敏度。

电子电离源的特点：①碎片离子多，结构信息丰富，有标准化合物质谱库；②不能气化的样品不能分析；③有些样品得不到分子离子。

2. 化学电离源（chemical ionization，CI）

有些化合物稳定性差，用 EI 方式不易得到分子离子，因而也就得不到相对分子质量。为了得到相对分子质量可以采用 CI 电离方式。CI 和 EI 在结构上没有多大差别。或者说主体部件是共用的。其主要差别是 CI 源工作过程中要引进一种反应气体。反应气体可以是甲烷、异丁烷、氨等。反应气体的量比样品气体要大得多。灯丝发出的电子首先将反应气体电离，然后反应气体离子与样品分子进行离子-分子反应，并使样品气体电离。现以甲烷作为反应气体，说明化学电离的过程。在电子轰击下，甲烷首先被电离：

$$CH_4 + e \longrightarrow CH_4^+ + 2e$$

$$CH_4^+ + CH_4 \longrightarrow CH_5^+ + CH_3$$

生成的气体离子再与样品分子 M 反应：

$$CH_5^+ + M \longrightarrow CH_4 + MH^+$$

化学电离源的特点：①得到一系列准分子离子 $(M+1)^+$，$(M-1)^+$，$(M+2)^+$ 等；②CI 源的碎片离子峰少，图谱简单，易于解释；③不适于难挥发成分的分析。

3. 快原子轰击（fast atom bombardment，FAB）

快原子轰击源是一种常用的离子源，它主要用于极性强、相对分子质量大的样品分析。其工作原理如图 4-4 所示。

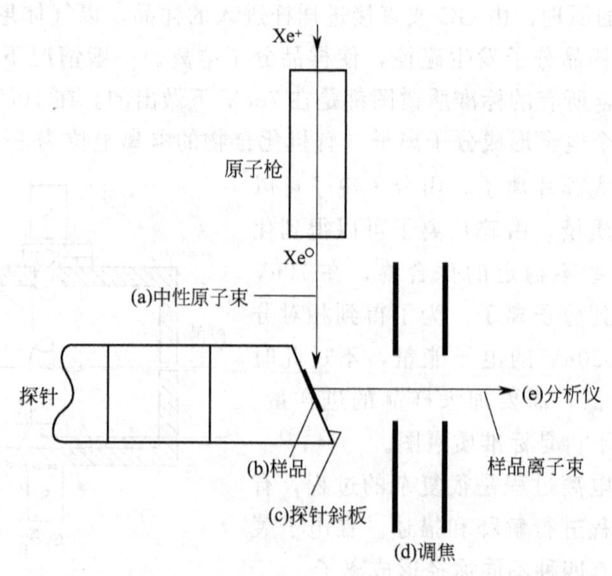

图 4-4　快原子轰击原理

氩气在电离室依靠放电产生氩离子，高能氩离子经电荷交换得到高能氩原子流，氩原子打在样品上产生样品离子。样品置于涂有底物（如甘油）的靶上。靶材为铜，原子氩打在样品上使其电离后进入真空，并在电场作用下进入分析器。电离过程中不必加热气化，因此适合于分析大相对分子质量、难气化、热稳定性差的样品。例如肽类、低聚糖、天然抗生素、有机金属配合物等。FAB源得到的质谱不仅有较强的准分子离子峰，而且有较丰富的结构信息。但是，它与EI源得到的质谱图很不相同。其一是它的相对分子质量信息不是分子离子峰M，而往往是$(M+H)^+$或$(M+Na)^+$等准分子离子峰；其二是碎片峰比EI谱要少。FAB源主要用于磁式双聚焦质谱仪。

4. 电喷雾源（electronspray ionization，ESI）

ESI是近年来出现的一种新的电离方式。它主要应用于液相色谱-质谱联用仪。它既作为液相色谱和质谱仪之间的接口装置，同时又是电离装置。它的主要部件是一个多层套管组成的电喷雾喷嘴。最内层是液相色谱流出物，外层是喷射气，喷射气常采用大流量的氮气，其作用是使喷出的液体容易分散成微滴。另外，在喷嘴的斜前方还有一个补助气喷嘴，补助气的作用是使微滴的溶剂快速蒸发。在微滴蒸发过程中表面电荷密度逐渐增大，当增大到某个临界值时，离子就可以从表面蒸发出来。离子产生后，借助于喷嘴与锥孔之间的电压，穿过取样孔进入分析器，如图4-5所示。

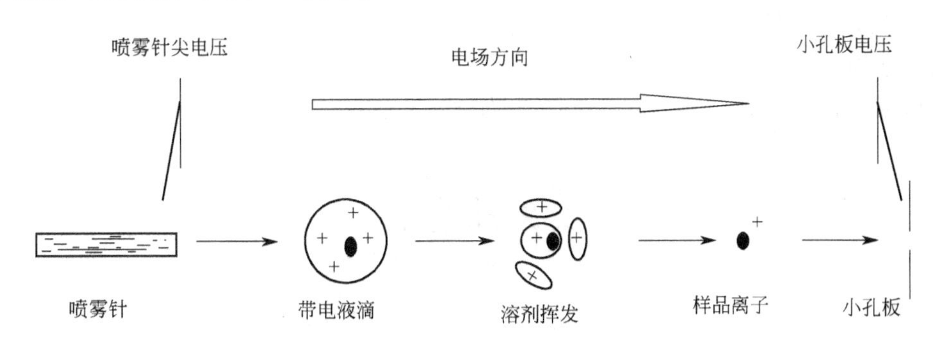

图4-5 电喷雾源的结构和原理

加到喷嘴上的电压可以是正，也可以是负。通过调节极性，可以得到正离子或负离子的质谱。其中值得一提的是电喷雾喷嘴的角度，如果喷嘴正对取样孔，则取样孔易堵塞。因此，有的电喷雾喷嘴设计成喷射方向与取样孔不在一条线上，而错开一定角度。这样溶剂雾滴不会直接喷到取样孔上，使取样孔比较干净，不易堵塞。产生的离子靠电场的作用引入取样孔，进入分析器。

电喷雾电离源是一种软电离方式，即便是相对分子质量大、稳定性差的化合物，也不会在电离过程中发生分解，它适合于分析极性强的大分子有机化合物，如蛋白质、肽、糖等。电喷雾电离源的最大特点是容易形成多电荷离子。这样，一个分子量为10000Da的分子若带有10个电荷，则其质荷比只有1000Da，进入了一般质谱仪可以分析的范围之内。根据这一特点，目前采用电喷雾电离，可以测量分子量在300000Da以上的蛋白质。

电喷雾离子源，能使大质量的有机分子生成带多电荷的离子，通常认为电喷雾可以用两种机制来解释。

(1) 小分子离子蒸发机制

在喷针针头与施加电压的电极之间形成强电场，该电场使液体电，带电的溶液在电场的作用下向带相反电荷的电极运动，并形成带电的液滴，由于小雾滴的分散，比表面增大，在电场中迅速蒸发，结果使带电雾滴表面单位面积的场强极高，从而产生液滴的“爆裂”，重复此过程，最终产生分子离子。

（2）大分子带电残基机制

首先也是电场使溶液带电，结果形成带电雾滴和带电的雾滴在电场作用下运动并迅速去溶，溶液中分子所带电荷在去溶时被保留在分子上，结果形成离子化的分子。

一般来讲，电喷雾方法适合使溶液中的分子带电而离子化。离子蒸发机制是主要的电喷雾过程，但对质量大的分子化合物，带电残基的机制也会起相当重要的作用。电喷雾也可测定中性分子，它是利用溶液中带电的阳离子或阴离子吸附在中性分子的极性基团上而产生分子离子。

电喷雾源特点：①适用于强极性，大分子量的样品分析，如肽，蛋白质，糖等；②产生的离子带有多电荷；③主要用于液相色谱-质谱联用仪。

四、质量分析器

将离子束按质荷比进行分离的装置。它的结构有单聚焦分析器（single focusing mass analyzer）、双聚焦分析器（double focusing mass analyzer）、四极杆分析器（quadrupole analyzer）、离子阱分析器（ion trap）、飞行时间分析器（time of flight）、博里叶变换离子回旋共振（Fourier tranform ion cyclotron resonance）等。

1. 单聚焦分析器

（1）结构

扇形磁场，可以是 180°、90°、60°等，如图 4-6 所示。

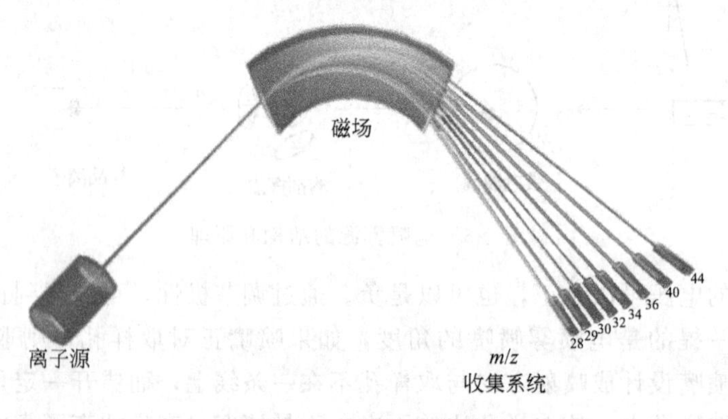

图 4-6 单聚焦分析器

（2）原理

由公式$\frac{m}{z}=\frac{H^2r^2}{2V}$可知，离子的 m/z 大，偏转半径也大，通过磁场可以把不同离子分开；当 r 为仪器设置不变时，改变加速电压或磁场强度，则不同 m/z 的离子依次通过狭缝到达检测器，形成质谱。

2. 双聚焦分析器

在单聚焦分析器中，进入离子源的离子初始能量不为零，且能量各不相同，加速后的离子能量也不相同，运动半径差异，难以完全聚集。在双聚焦分析器中，解决办法是加一静电场 E_e，实现能量分散。

$$E_e=\frac{mv^2}{R_e}=\frac{2E_M}{R_e}\longrightarrow R_e=\frac{2E_M}{E_e}$$

对于动能不同的离子，通过调节电场能，达到聚焦的目的。双聚焦分析器的优点是分辨率高；缺点是扫描速度慢，操作、调整比较困难，而且仪器造价也比较昂贵。双聚焦分析器示意如图 4-7 所示。

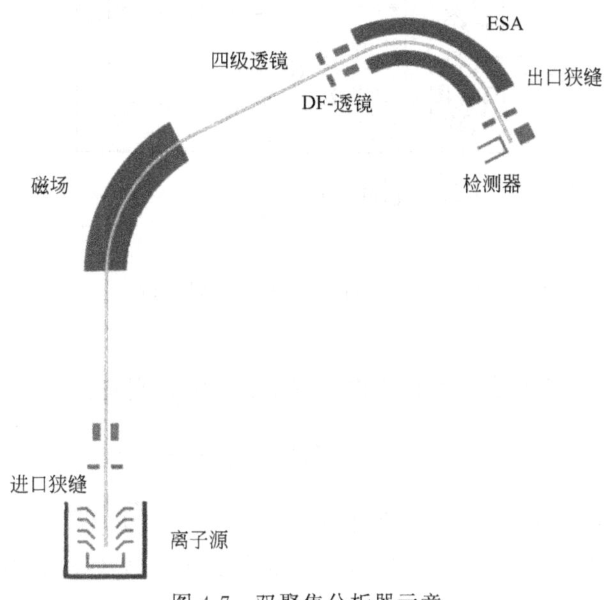

图 4-7　双聚焦分析器示意

3. 四极杆分析器

（1）结构

四根棒状电极，形成四极场（图 4-8）。其中 1，3 棒：$(V_{dc}+V_{rf})$；2,4 棒：$-(V_{dc}+V_{rf})$。

（2）原理

在一定的 V_{dc}、V_{rf} 下，只有一定质量的离子可通过四极场，到达检测器。在一定的 V_{dc}、V_{rf} 下，改变 V_{rf} 可实现扫描（图 4-9）。

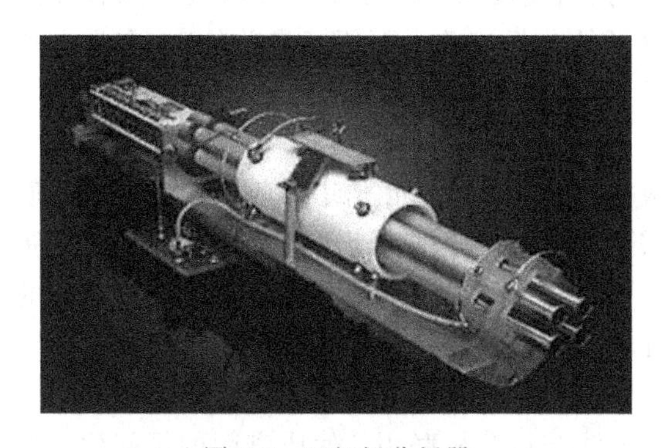

图 4-8　四级杆分析器

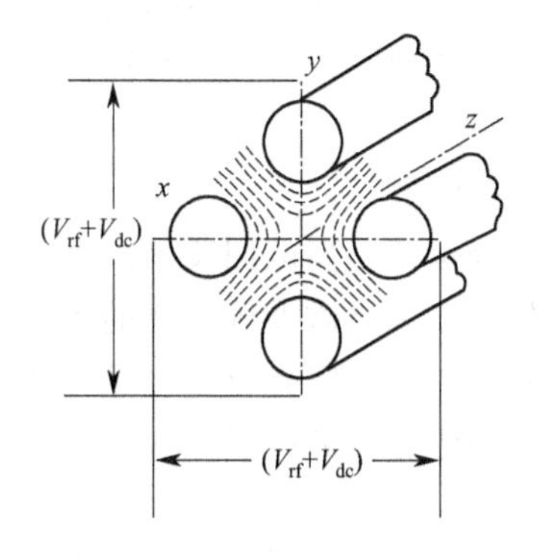

图 4-9　四级杆分析器示意
直流电压 V_{dc}；交流电压 V_{rf}

（3）特点

扫描速度快，灵敏度高，适用于 GC-MS。

4. 飞行时间分析器

（1）结构

飞行时间质量分析器的主要部分是一个离子漂移管（栅极与离子检测器所夹区域）。如

图 4-10 所示结构示意。

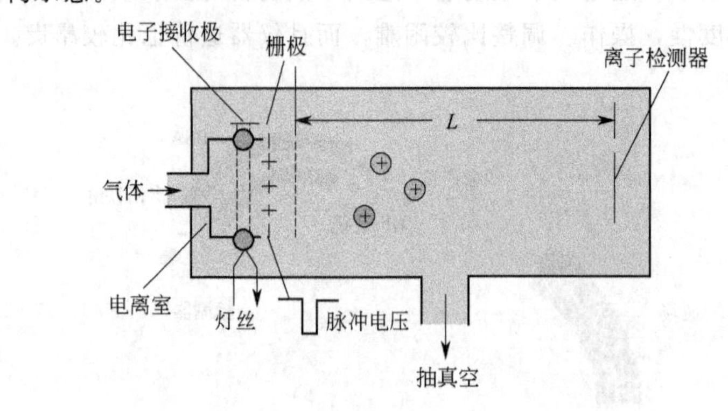

图 4-10　飞行时间分析器结构示意

（2）原理

如图 4-10 所示，离子在加速电压 V 作用下得到动能，则有：

$$\frac{1}{2}mv^2=zV \text{ 或 } v=\sqrt{\frac{2zV}{m}} \tag{4-1}$$

式中，m 为离子的质量；z 为离子的电荷量；V 为离子加速电压。

离子以速度 v 进入自由空间（漂移区），假定离子在漂移区飞行的时间为 T，漂移区长度为 L，则

$$T=L\times\sqrt{\frac{m}{2zV}} \tag{4-2}$$

由式(4-2) 可以看出，离子在漂移管中飞行的时间与离子质量的平方根成正比。也即，对于能量相同的离子，离子的质量越大，达到接收器所用的时间越长，质量越小，所用时间越短，根据这一原理，可以把不同质量的离子分开。适当增加漂移管的长度可以增加分辨率。

（3）仪器的特点

① 仪器结构简单，不需要磁场、电场等；②扫描速度快，可在 10^{-5} s 内观察到整段图谱；③无聚焦狭缝，灵敏度很高；④可用于大分子的分析（几十万原子量单位），在生命科学中用途很广。

五、检测器

经过分析器分离的同质量离子可用照相底板、法拉第筒或电子倍增器收集检测。随着质谱仪的分辨率和灵敏度等性能的大大提高，只需要微克级甚至纳克级的样品，就能得到一张较满意的质谱图，因此对于微量不纯的化合物，可以利用气相色谱或液相色谱（对极性大的化合物）将化合物分离成单一组分，导入质谱计，录下质谱图，此时质谱计的作用如同一个检测器。

由于色谱仪-质谱计联用后给出的信息量大，该法与计算机联用，使质谱图的规格化、背景或柱流失峰的舍弃、元素组成的给出、数据的储存和计算、多次扫描数据的累加、未知化合物质谱图的库检索，以及打印数据和出图等工作均可由计算机执行，大大简化了操作手续。

检测器结构示意如图 4-11 所示。

在检测器结构中，光电倍增器的电压决定仪器的灵敏度。

光电倍增器是把弱的光信号转化为强的电信号的仪器。通常都是用于测量可见光以及比可见光具有更大能量的紫外线、X 射线、γ 射线的能量或者波长。用法大致为：给仪器加上

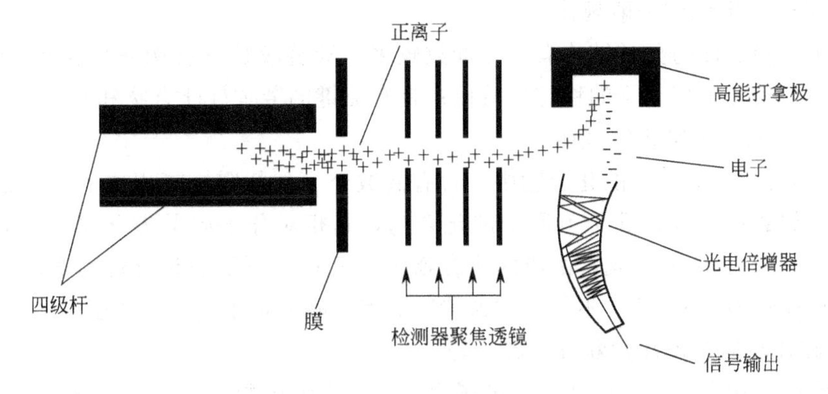

图 4-11　检测器结构示意

千伏水平的电压，直接接收要测量的对象——光。光进入仪器后导致光电效应，产生光电子。光电子又进一步产生更多的光电子，实现了电子数目的增加。这些电子在阳极收集起来，产生电流或电压脉冲。起初入射光的能量越大，最后产生的电压脉冲的幅度就越大。根据电压脉冲幅度，反过来知道起初入射光的能量。

六、检测器的性能指标

（1）质量范围

指所能检测的 m/z 范围。四极质谱，$m/z \leqslant 1000$；磁式质谱，m/z 可达到几千；飞行时间质谱，m/z 可达到几十万。

（2）扫描速度

指扫描一定质量范围所需时间。例如 GC-MS：m/z 1～1000 所需时间＜1s。

（3）分辨率 R

质谱对相邻两质量组分分开的能力，用 $R=\frac{m}{\Delta m}$ 表示，其中 m 为质量，Δm 为相邻的两个质量差。

例如 CO^+，27.9949；N_2^+，28.0061。$R=\frac{m}{\Delta m}=\frac{27.9949}{28.0061-27.9949}\approx 2500$。四极质谱恰好能将此分开。

但是 $ArCl^+$，74.9312；As^+，74.9216。$R=\frac{m}{\Delta m}=\frac{74.9216}{74.9312-74.9216}\approx 7800$。需用高分辨质谱才能将此分开。

第三节　质谱分析的应用

质谱是纯物质鉴定的最有力工具之一，其中包括相对分子量测定、化学式确定及结构鉴定等。

一、相对分子质量的测定

利用质谱图上分子离子峰的 m/z 可以准确的确定该化合物的相对分子质量。一般说来，除同位素峰外，分子离子峰一定是质谱图上质量数最大的峰，它应该位于质谱图的最右端。但是，由于有些化合物的分子离子峰稳定性较差，分子离子峰很弱或不存在，给正确识别分子离子峰带来困难。因此，在判断分子离子峰时应注意以下问题。

1. 分子离子稳定性的一般规律

分子离子的稳定性与分子结构有关。碳数较多，碳链较长（有例外）和有支链的分子，分裂概率较高，其分子离子峰的稳定性较低；具有 π 键的芳香族化合物和共轭。

2. 分子离子峰必须符合氮规律

在只含有 C、H、O、N 的化合物中，含有偶数个（包括零）氮组成的化合物，其相对分子质量必为偶数；含有奇数个氮原子的化合物，其相对分子质量为奇数。这是因为在由 C、H、O、N、S、P 卤素等元素组成的化合物中，只有氮原子的化合价为奇数而质量数为偶数。这个规律称为"氮律"。不符合"氮律"的离子峰一定不是分子离子峰。

3. 利用碎片峰的合理性判断分子离子峰

在离子源中，化合物分子电离后，分子离子可以裂解出游离基或中性分子等碎片。若裂解出一个 · H 或 · CH_3、H_2O、C_2H_4 碎片，对应的碎片峰为 M-1、M-15、M-18、M-28 等，这叫做存在合理的碎片峰。若出现 M-3 至 M-14，M-21 至 M-25 范围内的碎片峰，称为不合理碎片峰，则说明分子离子峰的判断有错。表明试样中可能存在杂质或者把碎片峰错误判断为分子离子峰。表 4-1 中列出从分子离子中裂解的常见碎片。

表 4-1 从分子离子中裂解的常见碎片

碎片峰	游离基或中性分子碎片	碎片峰	游离基或中性分子碎片
M-1	· H	M-33	(· CH_3 + H_2O), HS ·
M-2	H_2	M-34	H_2S
M-15	· CH_3	M-41	C_3H_5 ·
M-16	NH_2, O	M-42	CH_2CO, C_3H_6
M-17	· OH, NH_3	M-43	C_3H_7 ·, CH_3CO ·
M-18	H_2O	M-44	CO_2, C_3H_8
M-19	F	M-45	· CO_2H, · OC_2H_5
M-20	HF	M-46	C_2H_5OH, NO_2
M-26	C_2H_2, · CN	M-48	SO, CH_3SH
M-27	HCN	M-55	· C_4H_7
M-28	CO, C_2H_4	M-56	C_4H_8
M-29	· CHO, C_2H_5 ·	M-57	· C_4H_9, C_2H_5CO ·
M-30	CH_2O, NO	M-58	C_4H_{10}
M-31	· OCH_3, · CH_2OH	M-60	CH_3COOH, C_3H_7OH
M-32	CH_3OH, S	M-70	C_5H_{10}

4. 利用同位素峰识别分子离子峰

有些元素如 ^{35}Cl、^{79}Br、^{32}S 的同位素 ^{37}Cl、^{81}Br、^{34}S 相对丰度较大，其 M+2 同位素峰十分明显，通过 M、M+2 等质谱峰来推断分子离子峰，若分子中含一个氯原子时，M 峰与 M+2 峰的强度比为 3∶1；若分子中含一个溴原子时 M 峰与 M+2 峰强度比为 1∶1，这是因为 M 峰与 M+2 同位素峰强度比与分子中同位素种类、丰度有关。总之，同位素离子峰的信息有助于分子离子峰的正确判断。

5. 由分子离子峰强度变化判断分子离子峰

在电子轰击离子源（EI）中，适当降低电子轰击电压，分子离子裂解减少、碎片离子减少，则分子离子峰的强度应该增加；在上述措施下，若峰强度不增加，说明不是分子离子峰。逐步降低电子轰击电压，仔细观察 m/z 最大峰是否在所有离子峰中子后消失，若最后消失即为分子离子峰。

二、化学式的确定

用质谱法确定有机化合物的化学式，一般是通过同位素峰相对强度法来确定。各元素具有一定天然丰度的同位素（见表 4-2），从质谱图上测得分子离子峰 M、同位素峰 M+1 和 M+2 的强度，并计算其(M+1)/M、(M+2)/M 强度百分比，根据贝农（Beynon J H）质谱数据表查出可能的化学式，再结合其他规律，确定化合物的化学式。

表 4-2　常见元素的相对同位素丰度

元素	丰度		
碳	^{12}C　100	^{13}C　1.08	
氢	^{1}H　100	^{2}H　0.016	
氮	^{14}N　100	^{15}N　0.38	
氧	^{16}O　100	^{17}O　0.04	^{18}O　0.20
氟	^{19}F　100		
硅	^{28}Si　100	^{29}Si　5.01	^{30}Si　3.35
磷	^{31}P　100		
硫	^{32}S　100	^{33}S　0.78	^{34}S　4.40
氯	^{35}Cl　100		^{37}Cl　32.5
溴	^{79}Br　100		^{81}Br　98.0
碘	^{187}I　100		

【例】某化合物的质谱数据如下，试确定该化合物的化学式。

m/z	M(150)	M+1(151)	M+2(152)
与 M 强度比/%	100	9.9	0.88

解　由 M^+(M)的质量数，可知此化合物的相对分子质量为 150。M+2/M 峰的强度百分比为 0.88%，对照表 10-2 可知，该化合物不含 Cl、Br、S。因为$^{34}S/^{32}S=4.40\%$，$^{37}Cl/^{35}Cl=32.05\%$，$^{81}Br/^{79}Br=98.0\%$。查阅贝农表可知，相对分子质量为 150 的化学式共有 29 个，其中 M+1 峰的强度百分比在 9%～11%的化学式有如下 7 种。

化学式	[(M+1)/M]/%	[(M+2)/M]/%	化学式	[(M+1)/M]/%	[(M+2)/M]/%
①$C_7H_{10}N_4$	9.25	0.38	⑤$C_9H_{10}O_2$	9.96	0.84
②$C_8H_8NO_2$	9.23	0.78	⑥$C_9H_{12}NO$	10.34	0.68
③$C_8H_{10}N_2O$	9.61	0.61	⑦$C_9H_{14}N_2$	10.71	0.52
④$C_8H_{12}N_3$	9.98	0.45			

此化合物相对分子质量为偶数，根据氮规律，应该排除②、④、⑥三个化学式；在剩下的四个化学式中，⑤化学式的 M+1 峰的强度百分比与 9.9%最接近，M+2 峰的强度百分比与 0.9%也最接近。因此，该化合物的化学式应该是 $C_9H_{10}O_2$。

三、结构式的确定

在确定了未知化合物的相对分子质量和化学式以后，首先根据化学式计算该化合物的不饱和度，确定化合物化学式中双键和环的数目。然后，应该着重分析碎片离子峰、重排离子峰和亚稳离子峰，确定分子断裂方式，提出未知化合物结构单元和可能的结构。

最后再用全部质谱数据复核结果。必要时应该考虑试样来源、物理化学性质以及红外、紫外、核磁共振等分析方法的波谱信息，确定未知化合物的结构式。

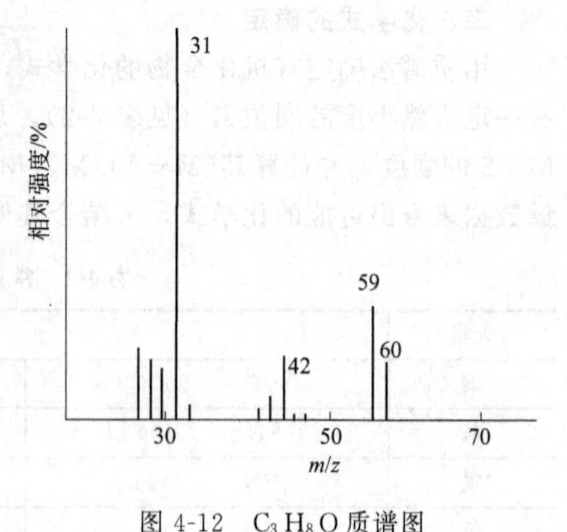

图 4-12 C_3H_8O 质谱图

【例】 某化合物分子式为 C_3H_8O，其质谱图如图 4-12 所示。红外光谱数据表明在 3640cm^{-1} 和 1065～1015cm^{-1} 有尖而强的吸收峰，试解析该化合物的分子结构。

解 分子的不饱和度为 $\Omega=1+n_4+\frac{(n_3-n_1)}{2}=1+3+\frac{(0-8)}{2}=0$

说明化合物分子内的化学键皆是单键。在 3640cm^{-1} 及 1065～1015cm^{-1} 有强红外吸收峰，表明化合物属醇类。

由质谱图可知，m/z 60 峰是分子离子峰，该化合物的相对分子质量为 60。由于 m/z 59 峰的出现，可能发生下述裂解：

$$\underset{m/z\ 60}{CH_3—CH_2—CH_2—\overset{+\cdot}{O}H} \longrightarrow \underset{m/z\ 59}{CH_3—CH_2—CH═\overset{+}{O}H} + H\cdot$$

m/z 42 峰是由分子离子峰失去中性碎片 H_2O 而生成的，其裂解反应的机理如下：

$$\underset{m/z\ 60}{\text{(H—}CH_2—CH_2—CH_2—\overset{+\cdot}{O}H\text{ 六元环过渡态)}} \longrightarrow \underset{m/z\ 42}{[C_3H_6]^+} + H_2O$$

反应中有亚稳离子生成，$m^*=\frac{42^2}{60}=29.4$，这与质谱图中的亚稳离子峰的位置相符合。

基峰 m/z 31 是 CH= 碎片离子峰，断裂的机理为：

$$\underset{m/z\ 60}{CH_3—CH_2—CH_2—\overset{+\cdot}{O}H} \longrightarrow CH_3—\dot{C}H_2 + \underset{m/z\ 31}{CH_2═\overset{+}{O}H}$$

因此，该化合物为正丙醇，结构式为 $CH_3—CH_2—CH_2—OH$。

四、质谱定量分析

1. 无机痕量分析

火花源质谱仪可以分析无机固体试样，它已成为金属、合金、矿石和超导体中痕量元素分析的重要方法。通过离子峰相对强度的测量可进行质谱定量分析。该方法的特点是灵敏度高，对元素的检出限约为纳克每克数量级（ng/g）。由于质谱图简单，并且各元素峰强度大致相当，应用很方便。

2. 同位素的测定

质谱定量分析最早用于同位素丰度的研究。稳定的同位素可以用来“标记”各种化合物，例如确定氘苯 C_6D_6 的纯度，通常可用 $C_6D_6^+$ 与 $C_6D_5H^+$、$C_6D_4H_2^+$ 等分子离子峰的相对强度进行定量分析。在考古学和矿物学研究中，应用同位素比测量法来确定岩石、化石和矿物年代。

3. 混合物中的定量分析

混合物的质谱定量分析，目前常用于多组分气体和石油中挥发性烷烃的分析。通过计算机求解数个联立方程，得到各组分的含量。该方法一次进样实现全分析，快速、灵敏。

第四节　常见的有机物质谱图

一、饱和烃的质谱图

1. 烷烃

以正癸烷质谱图为例说明，如图 4-13 所示。

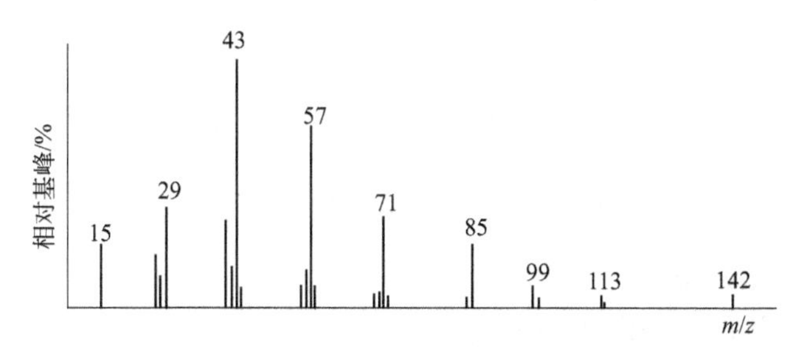

图 4-13　正癸烷的质谱图

① 分子离子：C_1(100%)，C_{10}(6%)，C_{16}(小)，C_{45}(0)。

② 有 m/z：29，43，57，71，…C_nH_{2n+1}系列峰（σ-断裂）。

③ 有 m/z：27，41，55，69，…C_nH_{2n-1}系列峰，

$$C_2H_5^+(m/z=29) \rightarrow C_2H_3^+(m/z=27)+H_2。$$

④ 有 m/z：28，42，56，70，…C_nH_{2n}系列峰（四元环重排）。

2. 支链烷烃

5-甲基十五烷质谱图，如图 4-14 所示。

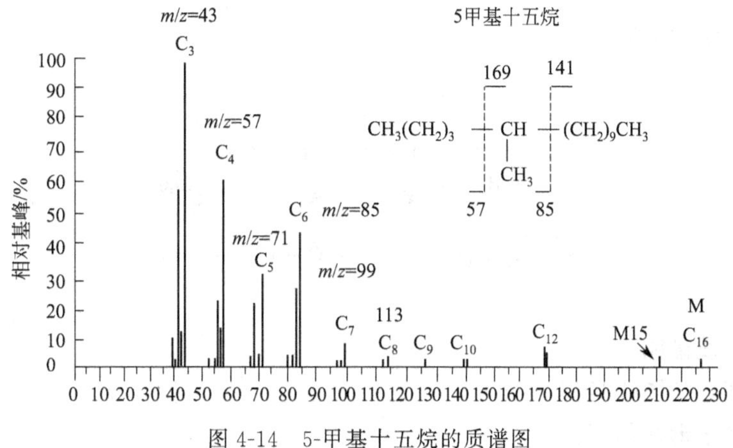

图 4-14　5-甲基十五烷的质谱图

3．环烷烃

甲基环己烷质谱图，如图 4-15 所示。

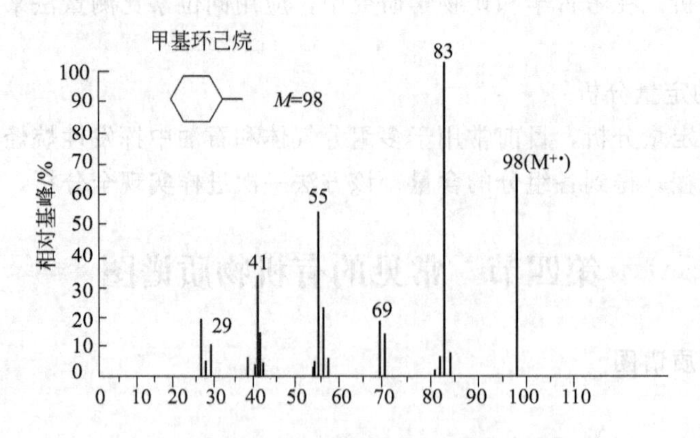

图 4-15　甲基环己烷的质谱图

有关分子离子如下：

$$[C_6H_{11}-CH_3]^{+\cdot} \longrightarrow C_6H_{11}^{+} + \cdot CH_3$$

$m/z=98$　　　$m/z=83$

二、不饱和烃的质谱图

3-甲基-2-戊烯质谱图，如图 4-16 所示。

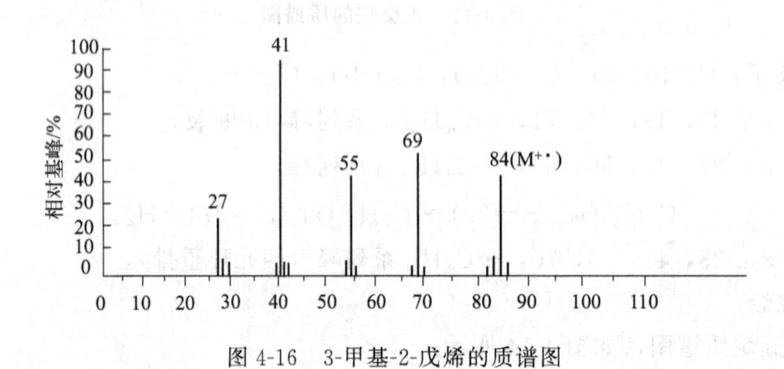

图 4-16　3-甲基-2-戊烯的质谱图

有关分子离子形成如下：

$$[H_3C-CH{=}C(CH_3)-CH_2-CH_3]^{+\cdot}$$

$-\cdot CH_2-CH_3$：$m/z=55$　$H_3C-CH{=}\overset{+}{C}-CH_3$

$-\cdot CH_3$：$m/z=69$　$H_3C-\overset{+}{C}H-C(CH_3){=}CH_2$

三、芳烃的质谱图

丁苯质谱图，如图 4-17 所示。

有关分子离子形成如下：

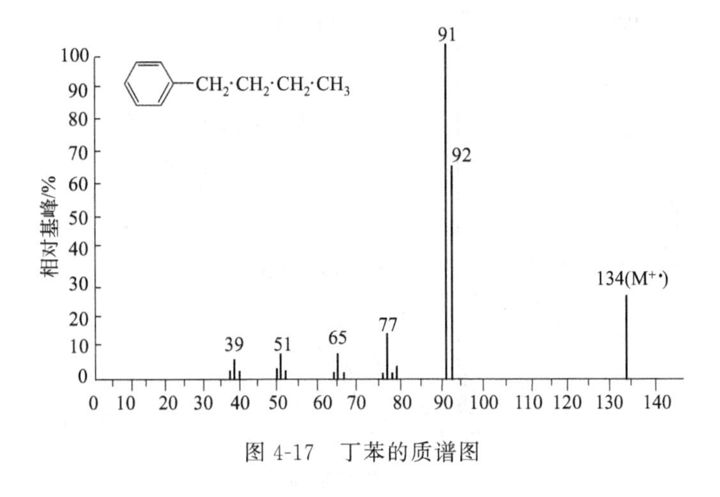

图 4-17　丁苯的质谱图

$C_6H_5-CH_2\cdot CH_2\cdot CH_2\cdot CH_3$ (m/z=134) $\xrightarrow{-\cdot CH_2\cdot CH_2\cdot CH_3}$ $C_6H_5\overset{+}{C}H_2$ (m/z=91) → 草鎓离子 (m/z=91) $\xrightarrow{-HC\equiv CH}$ (m/z=65) $\xrightarrow{-HC\equiv CH}$ (m/z=39)

$C_6H_5-CH_2-CH_2-CH_2-CH_3$ $\xrightarrow{-CH_2=CH-CH_3}$ (m/z=92)

$C_6H_5-CH_2\cdot CH_2\cdot CH_2\cdot CH_3$ (m/z=134) $\xrightarrow{-\cdot C_4H_9}$ $C_6H_5^+$ (m/z=77) $\xrightarrow{-HC\equiv CH}$ (m/z=51)

四、醇和酚的质谱图

1-戊醇质谱图，如图 4-18 所示。

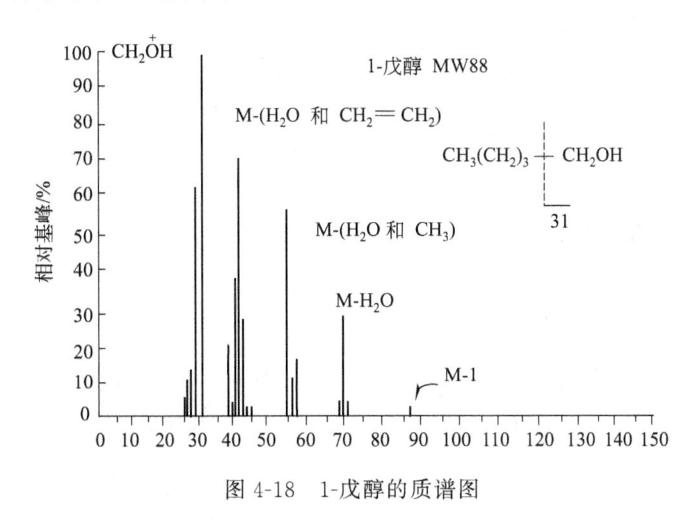

图 4-18　1-戊醇的质谱图

2-戊醇质谱图，如图 4-19 所示。

2-甲基-2-丁醇质谱图，如图 4-20 所示。

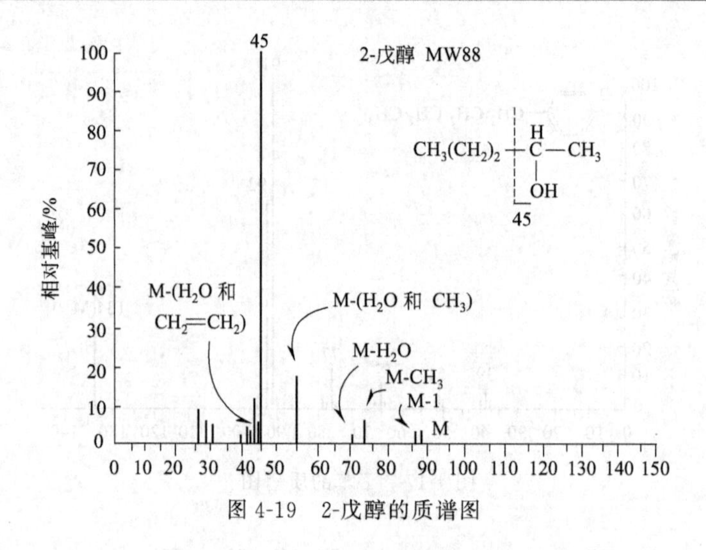

图 4-19　2-戊醇的质谱图

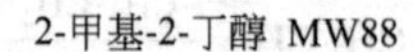

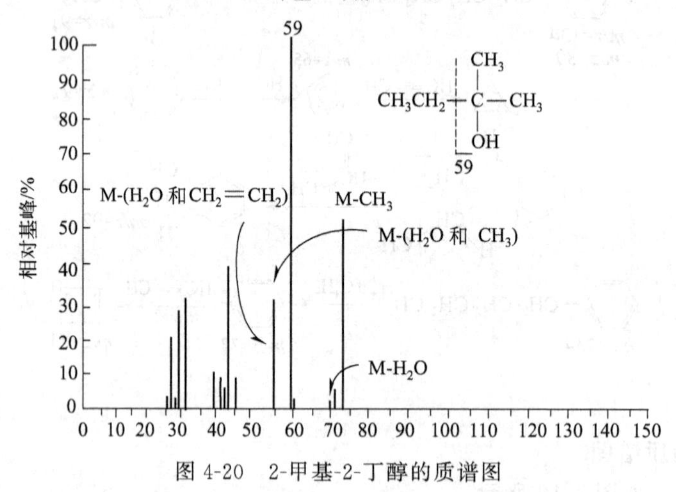

图 4-20　2-甲基-2-丁醇的质谱图

叔醇形成的分子离子如下：

$$R_1R_2R_3C—OH^{\cdot+} \xrightarrow{-\cdot R_3} R_1R_2C═\overset{+}{O}H$$

m/z:31,59,73,…

伯醇形成的分子离子如下：

$$RHC(H)—(CH_2)_n—CH_2\overset{\cdot+}{O}H \longrightarrow RHC^{\cdot}—(CH_2)_n—CH_2—\overset{+}{O}H_2 \xrightarrow{-H_2O} \left[RHC^{\cdot}—(CH_2)_n—\overset{+}{C}H_2\right] \text{ 或 } \left[RHC—(CH_2)_n—CH_2\right]^{\cdot+}$$

伯醇分子离子重排形成的分子离子如下：

H–$\dot{O}^+$(H)–CH_2–CH_2–CH_2–RHC–H $\xrightarrow[-H_2O]{-H_2C=CH_2}$ $H_2C=CH-R]^{+\cdot}$

M-(烯烃 $+H_2O$)

M-46

H–$\dot{O}^+$(H)–CH_2–HC(CH_3)–CH_2–RHC–H $\xrightarrow[-H_2O]{-H_2C=CH-CH_3}$ $H_2C=CH-R]^{+\cdot}$

M-60

$R-\overset{H_2}{C}-CH(H)-H_2C-\overset{H}{C}=CH_2]^{+\cdot}$ $\xrightarrow{-H_2C=CH_2}$ $R-\overset{H_2}{C}-CH=CH_2]^{+\cdot}$

M-76

苯甲醇形成的分子离子如下：

$[C_6H_5CH_2OH]^{+\cdot}$ $\xrightarrow{-\cdot H}$ OH–$C_7H_6^{\oplus}$ $\xrightarrow{-CO}$

m/z =108　　m/z =107

H, H, + (m/z =79) $\xrightarrow{-H_2}$ H, H, H, H, H, + (m/z =77)

2-甲基-苯甲醇形成的分子离子如下：

$\overset{H_2}{C}$–OH, H–$\underset{H_2}{C}$ $]^{+\cdot}$ $\xrightarrow{-\boxed{H_2O}}$ $CH_2]^{+\cdot}$, CH_2

$\overset{H_2}{C}$–OH, O–H $]^{+\cdot}$ $\xrightarrow{-\boxed{H_2O}}$ $CH_2]^{+\cdot}$, O

酚形成的分子离子如下：

$OH]^{+\cdot}$ $\longrightarrow$ O, $H]^{+\cdot}$, H $\xrightarrow{-CO}$ H, H $]^{+\cdot}$

m/z =94　　m/z =66

$\xrightarrow{-\cdot CHO}$ +, H　[$\oplus$]　m/z =65

$[CH_2CH_3, OH]^{+\cdot}$ $\xrightarrow{-CH_3}$ $CH_2^{\cdot}$, OH

m/z　107(100%)

$\xrightarrow{-\cdot H}$ $\overset{+}{C}HCH_3$, OH　m/z　121(3.5%)

五、醚的质谱图

乙基异丁醚的质谱图，如图 4-21 所示。

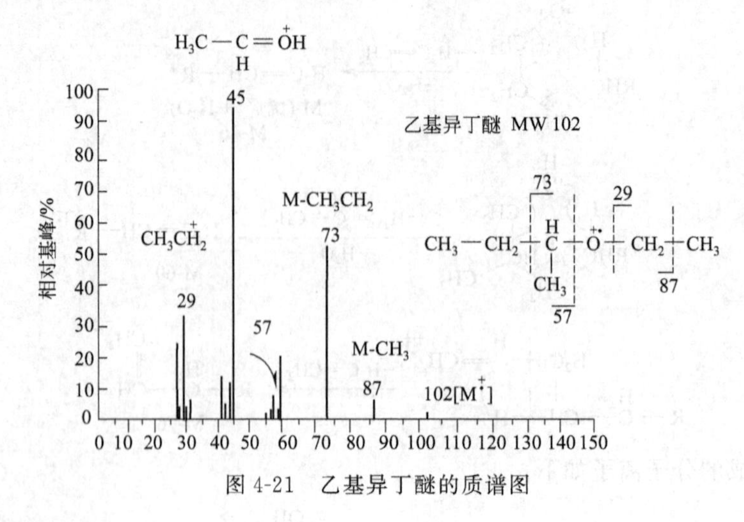

图 4-21 乙基异丁醚的质谱图

六、醛、酮的质谱图

醛的质谱图，如图 4-22 所示。

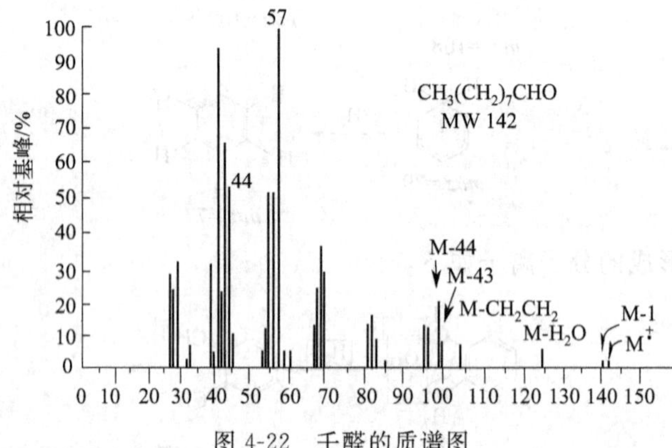

图 4-22 壬醛的质谱图

酮的质谱图，如图 4-23 所示。

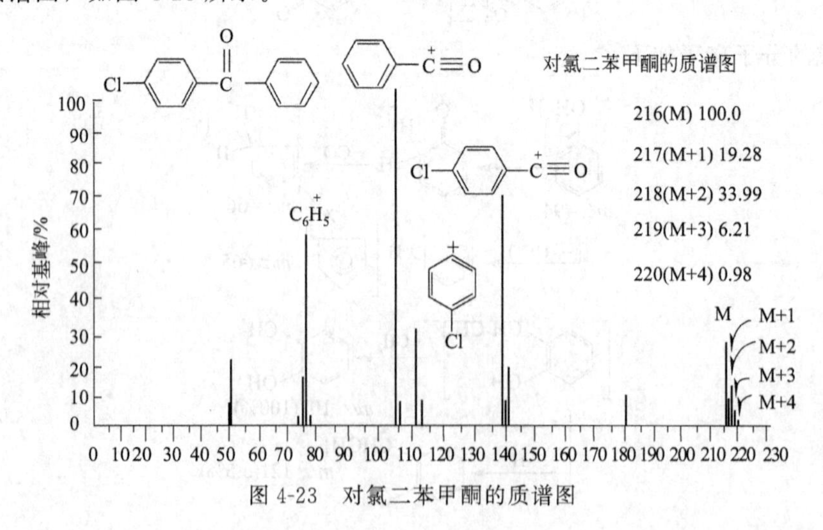

图 4-23 对氯二苯甲酮的质谱图

七、其他有机物质的质谱图

己酸形成的分子离子如下：

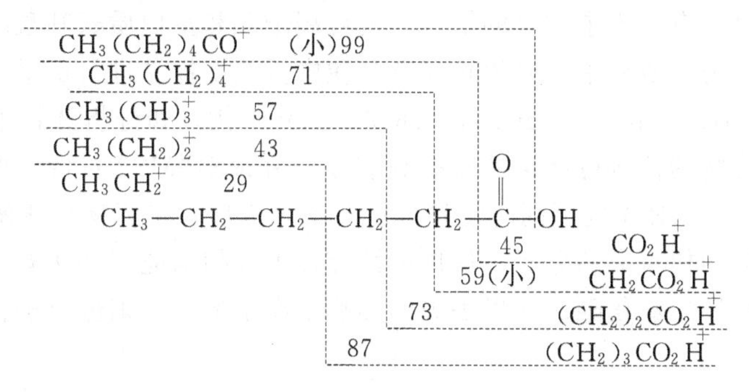

壬酸甲酯的质谱图，如图 4-24 所示。

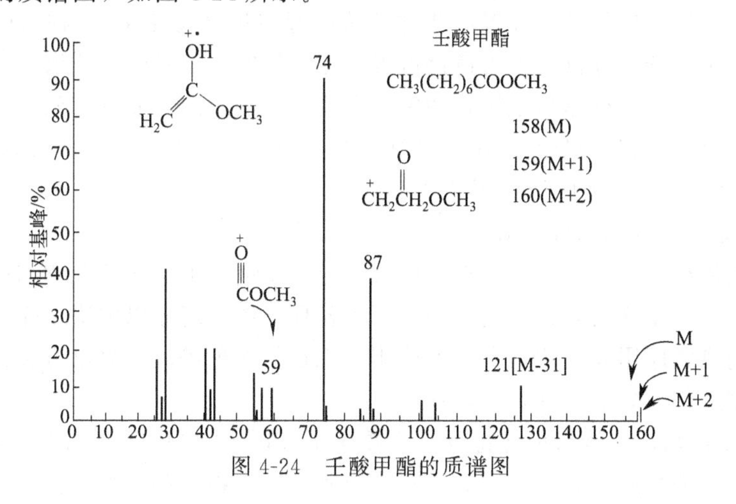

图 4-24　壬酸甲酯的质谱图

第五节　串联质谱和色质联用技术

一、串联质谱

两个或更多的质谱连接在一起，称为串联质谱。最简单的串联质谱（MS/MS）由两个质谱串联而成，其中第一个质量分析器（MS1）将离子预分离或加能量修饰，由第二级质量分析器（MS2）分析结果。最常见的串联质谱为三级四极杆串联质谱。第一级和第三级四极杆分析器分别为 MS1 和 MS2，第二级四极杆分析器所起作用是将从 MS1 得到的各个峰进行轰击，实现母离子碎裂后进入 MS2 再行分析。现在出现了多种质量分析器组成的串联质谱，如四极杆-飞行时间串联质谱（Q-TOF）和飞行时间-飞行时间（TOF-TOF）串联质谱等，大大扩展了应用范围。离子阱和傅里叶变换分析器可在不同时间顺序实现时间序列多级质谱扫描功能。

MS/MS 最基本的功能包括能说明 MS1 中的母离子和 MS2 中的子离子间的联系。根据 MS1 和 MS2 的扫描模式，如子离子扫描、母离子扫描和中性碎片丢失扫描，可以查明不同质量数离子间的关系。母离子的碎裂可以通过以下方式实现：碰撞诱导解离，表面诱导解离和激光诱导解离。不用激发即可解离则称为亚稳态分解。

MS/MS 在混合物分析中有很多优势。在质谱与气相色谱或液相色谱联用时，即使色谱未能将物质完全分离，也可以进行鉴定。MS/MS 可从样品中选择母离子进行分析，而不受其他物质干扰。

MS/MS在药物领域有很多应用。子离子扫描可获得药物主要成分、杂质和其他物质的母离子的定性信息，有助于未知物的鉴别，也可用于肽和蛋白质氨基酸序列的鉴别。

在药物代谢动力学研究中，对生物复杂基质中低浓度样品进行定量分析，可用多反应监测模式（multiple reaction monitoring，MRM）消除干扰。如分析药物中某特定离子，而来自基质中其他化合物的信号可能会掩盖检测信号，用MS1/MS2对特定离子的碎片进行选择监测可以消除干扰。MRM也可同时定量分析多个化合物。在药物代谢研究中，为发现与代谢前物质具有相同结构特征的分子，使用中性碎片丢失扫描能找到所有丢失同种功能团的离子，如羧酸丢失中性二氧化碳。如果丢失的碎片是离子形式，则母离子扫描能找到所有丢失这种碎片的离子。

二、色质联用技术

色谱可作为质谱的样品导入装置，并对样品进行初步分离纯化，因此色谱/质谱联用技术可对复杂体系进行分离分析。因为色谱可得到化合物的保留时间，质谱可给出化合物的分子量和结构信息，故对复杂体系或混合物中化合物的鉴别和测定非常有效。在这些联用技术中，芯片/质谱联用（Chip/MS）显示了良好前景，但目前尚不成熟，而气相色谱-质谱联用和液相色谱-质谱联用等已经广泛用于药物分析。

1. 气相色谱-质谱联用（GC/MS）

气相色谱的流出物已经是气相状态，可直接导入质谱。由于气相色谱与质谱的工作压力相差几个数量级，开始联用时在它们之间使用了各种气体分离器以解决工作压力的差异。随着毛细管气相色谱的应用和高速真空泵的使用，现在气相色谱流出物已可直接导入质谱。

2. 液相色谱-质谱联用（HPLC/MS）

液相色谱-质谱联用的接口前已论及，主要用于分析GC/MS不能分析，或热稳定性差，强极性和高分子量的物质，如生物样品（药物与其代谢产物）和生物大分子（肽、蛋白、核酸和多糖）。

3. 毛细管电泳-质谱联用（CE/MS）和芯片-质谱联用（Chip/MS）

毛细管电泳（CE）适用于分离分析极微量样品（纳升体积）和特定用途（如手性对映体分离等）。CE流出物可直接导入质谱，或加入辅助流动相以达到和质谱仪相匹配。微流控芯片技术是近年来发展迅速，可实现分离、过滤、衍生等多种实验室技术于一块芯片上的微型化技术，具有高通量、微型化等优点，目前也已实现芯片和质谱联用，但尚未商品化。

4. 超临界流体色谱-质谱联用（SFC/MS）

常用超临界流体二氧化碳作流动相的SFC适用于小极性和中等极性物质的分离分析，通过色谱柱和离子源之间的分离器可实现SFC和MS联用。

5. 等离子体发射光谱-质谱联用（ICP/MS）

由ICP作为离子源和MS实现联用，主要用于元素分析和元素形态分析。

第六节　数据处理和应用

一、数据处理

检测器通常为光电倍增器或电子倍增器，所采集的信号经放大并转化为数字信号，计算机进行处理后得到质谱图。质谱离子的多少用丰度表示（abundance）表示，即具有某质荷比离子的数量。由于某个具体离子的“数量”无法测定，故一般用相对丰度表示其强度，即最强的峰叫基峰（base peak），其他离子的丰度用相对于基峰的百分数表示。在质谱仪测定的质量范围内，由离子的质荷比和其相对丰度构成质谱图。在 LC/MS 和 GC/MS 中，常用各分析物质的色谱保留时间和由质谱得到其离子的相对强度组成色谱总离子流图。也可确定某固定的质荷比，对整个色谱流出物进行选择离子检测（selected ion monitoring，SIM），得到选择离子流图。质谱仪分离离子的能力称为分辨率，通常定义为高度相同的相邻两峰，当两峰的峰谷高度为峰高的 10%时，两峰质量的平均值与它们的质量差的比值。对于低、中、高分辨率的质谱，分别是指其分辨率在 100～2000、2000～10000 和 10000 以上。

二、应用

质谱在药物、生物、石油、化工、环保等领域的主要应用为药物的定性鉴别、定量分析和结构解析。

如果一个中性分子丢失或得到一个电子，则分子离子的质荷比与该分子质量数相同。使用高分辨率质谱可得到离子的精确质量数，然后计算出该化合物的分子式，或者用参照物作峰匹配可以确证分子量和分子式。分子离子的各种化学键发生断裂后形成碎片离子，由此可推断其裂解方式，得到相应的结构信息。

质谱用于定量分析，其选择性、精度和准确度较高。化合物通过直接进样或利用气相色谱和液相色谱分离纯化后再导入质谱。质谱定量分析用外标法或内标法，后者精度高于前者。定量分析中的内标可选用类似结构物质或同位素物质。前者成本低，但精度和准确度以使用同位素物质为高。使用同位素物质为内标时，要求在进样、分离和离子化过程中不会丢失同位素物质。在使用 FAB 质谱和 LC/MS（热喷雾和电喷雾）进行定量分析时，一般都需要用稳定的同位素内标。分析物和内标离子的相对丰度采用选择离子监测（只监测分析物和内标的特定离子）的方式测定。选择离子监测相对全范围扫描而言，由于离子流积分时间长而增加了选择性和灵敏度。利用分析物和内标的色谱峰面积或峰高比得出校正曲线，然后计算样品中分析物的色谱峰面积或它的量。

解析未知样的质谱图，大致按以下程序进行。

1. 解析分子离子区

（1）标出各峰的质荷比数，尤其注意高质荷比区的峰。

（2）识别分子离子峰。首先在高质荷比区假定分子离子峰，判断该假定分子离子峰与相邻碎片离子峰关系是否合理，然后判断其是否符合氮律。若两者均相符，可认为是分子离子峰。

（3）分析同位素峰簇的相对强度比及峰与峰间的 D_m 值，判断化合物是否含有 Cl、Br、S、Si 等元素及 F、P、I 等无同位素的元素。

（4）推导分子式，计算不饱和度。由高分辨质谱仪测得的精确分子量或由同位素峰簇的相对强度计算分子式。若两者均难以实现时，则由分子离子峰丢失的碎片及主要碎片离子推导，或与其他方法配合。

（5）由分子离子峰的相对强度了解分子结构的信息。分子离子峰的相对强度由分子的结构所决定，结构稳定性大，相对强度就大。对于相对分子质量约 200 的化合物，若分子离子峰为基峰或强峰，谱图中碎片离子较少、表明该化合物是高稳定性分子，可能为芳烃或稠环化合物。

例如：萘分子离子峰 m/z 128 为基峰，蒽醌分子离子峰 m/z 208 也是基峰。

分子离子峰弱或不出现，化合物可能为多支链烃类、醇类、酸类等。

2. 解析碎片离子

（1）由特征离子峰及丢失的中性碎片了解可能的结构信息。

若质谱图中出现系列 C_nH_{2n+1} 峰，则化合物可能含长链烷基。若出现或部分出现 m/z 77，66，65，51，40，39 等弱的碎片离子峰，表明化合物含有苯基。若 m/z 91 或 105 为基峰或强峰，表明化合物含有苄基或苯甲酰基。若质谱图中基峰或强峰出现在质荷比的中部，而其他碎片离子峰少，则化合物可能由两部分结构较稳定，其间由容易断裂的弱键相连。

（2）综合分析以上得到的全部信息，结合分子式及不饱和度，提出化合物的可能结构。

（3）分析所推导的可能结构的裂解机理，看其是否与质谱图相符，确定其结构，并进一步解释质谱，或与标准谱图比较，或与其他谱（^{1}H NMR、^{13}C NMR、IR）配合，确证结构。

本章小结

一、质谱法原理、特点、分类

质谱分析法主要是通过对样品的离子的质荷比的分析而实现对样品进行定性和定量的一种方法。

质谱法的特点如下。

（1）信息量大，应用范围广，是研究有机化学和结构的有力工具。

（2）由于分子离子峰可以提供样品分子的相对分子质量的信息，所以质谱法也是测定相对分子质量的常用方法。

（3）分析速度快、灵敏度高、高分辨率的质谱仪可以提供分子或离子的精密测定。

（4）质谱仪器较为精密，价格较贵，工作环境要求较高，给普及带来一定的限制。

质谱法分类：按照不同的分类方法，可以有不同的分类。按照质谱法用途分类，可分为有机质谱、无机质谱、同位素质谱；按照质谱法原理分类，可分为单聚焦质谱、双聚焦质谱、四极质谱、飞行时间质谱、回旋共振质谱；按质谱联用分类，可分为气质联用、液质联用、质质联用。

二、质谱仪

利用运动离子在电场和磁场中偏转原理设计的仪器称为质谱计或质谱仪。质谱法的仪器种类较多，根据使用范围，可分为无机质谱仪和有机质谱仪。常用的有机质谱仪有单聚焦质谱仪、双聚焦质谱仪和四极矩质谱仪。目前后两种用得较多，而且多与气相色谱仪和电子计算机联用。

质谱仪分析过程为进样；离子化；离子因撞击强烈形成碎片离子、荷电离子被加速电压加速；改变加速电压或磁场强度，不同 m/z 的离子依次通过狭缝到达检测器，形成质量谱。

1. 真空系统

质谱仪必须在高真空下才能工作。

2. 进样系统

进样系统可分直接注入、气相色谱、液相色谱、气体扩散四种方法。

3. 离子源

离子源的作用是将欲分析样品电离，得到带有样品信息的离子。质谱仪的离子源种类很多，有电子电离、化学电离、快原子轰击、电喷雾源、大气压化学电离、基质辅助激光解吸电离。

4. 质量分析器

将离子束按质荷比进行分离的装置。它的结构有单聚焦分析器、双聚焦分析器、四极杆分析器、离子阱分析器、飞行时间分析器、傅里叶变换离子回旋共振等。

5. 检测器

经过分析器分离的同质量离子可用照相底板、法拉第筒或电子倍增器收集检测。

6. 检测器的性能指标

有质量范围、扫描速度、分辨率等。

三、质谱分析的应用

（1）相对分子质量的测定；

（2）化学式的确定；

（3）结构式的确定；

（4）质谱定量分析。

四、常见的有机物质谱图

（1）饱和烃的质谱图；

（2）不饱和烃的质谱图；

（3）芳烃的质谱图；

（4）醇和酚的质谱图；

（5）醚的质谱图；

（6）醛、酮的质谱图；

（7）其他有机物质的质谱图。

五、串联质谱和色质联用技术

1. 串联质谱

两个或更多的质谱连接在一起，称为串联质谱。最简单的串联质谱（MS/MS）由两个质谱串联而成，其中第一个质量分析器（MS1）将离子预分离或加能量修饰，由第二级质量分析器（MS2）分析结果。

2. 色质联用技术

色谱可作为质谱的样品导入装置，并对样品进行初步分离纯化，因此色谱/质谱联用技术可对复杂体系进行分离分析。

六、数据处理和应用

1. 数据处理

检测器通常为光电倍增器或电子倍增器，所采集的信号经放大并转化为数字信号，计算机进行处理后得到质谱图。

2. 应用

质谱在药物、生物、石油、化工、环保等领域的主要应用为药物的定性鉴别、定量分析和结构解析。

思考与练习

1. 某质谱仪分辨率为10000，它能使 $m/z=200$、$m/z=500$、$m/z=800$、$m/z=1000$ 的离子各与相差多少质量的离子分开。

2. 在低分辨质谱中 $m/z=28$ 的离子可能是 CO、N_2、CH_2N、C_2H_4 中的某一个。高分辨质谱仪测定值为28.0312，试问上述四种离子中哪一个最符合该数据。

3. 下图是2-甲基丁醇（$M=88$）的质谱图，试根据谱图确定—OH的位置（提示：注意 $m/z=73$，59的峰）。

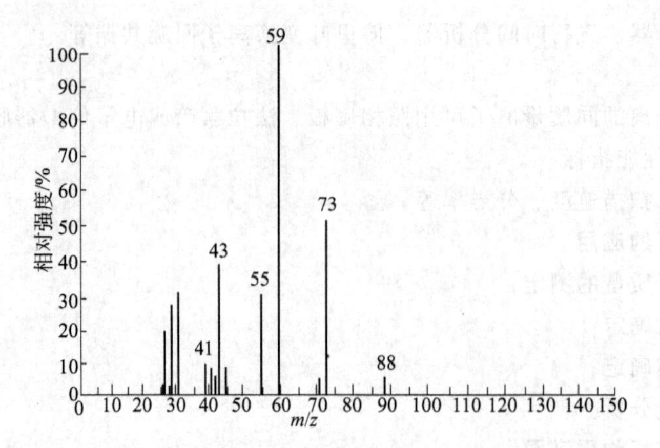

4. 某化合物的分子离子峰已确认在 $m/z=151$ 处，试问其结构是下列结构，为什么？

OH
N N N N N N

5. 下列所示两个质谱图 A 与 B,哪一个是 3-甲基-2 戊酮,哪个是 4-甲基-2 戊酮。

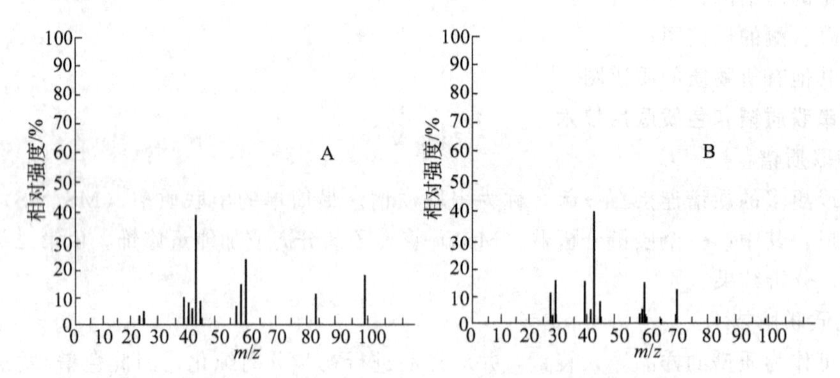

6. 胺类化合物 A、B、C,其分子式都是 $C_4H_{11}N$,$M=73$,指出质谱图中分别属于哪种结构。

A. $CH_3—CH_2—CH_2—CH_2—NH_2$

B. $CH_3—C(CH_3)_2—NH_2$

C. $CH_3—CH_2—CH(CH_3)—NH_2$

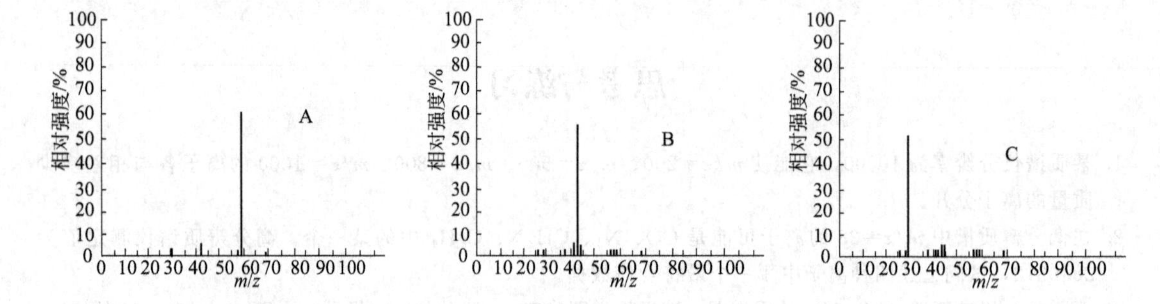

7. 试判断下列化合物质谱图上，有几种碎片离子峰？何者丰度最高？

$$CH_3$$
$$CH_3—C—C_3H_7$$
$$CH_3$$

8. 某化合物初步推测可能是甲基环戊烷或者乙基环丁烷，在质谱图上 $M=15$ 处显示一强峰，试问该化合物结构，为什么？

9. 解析下面的质谱图，并提出该化合物的结构式。

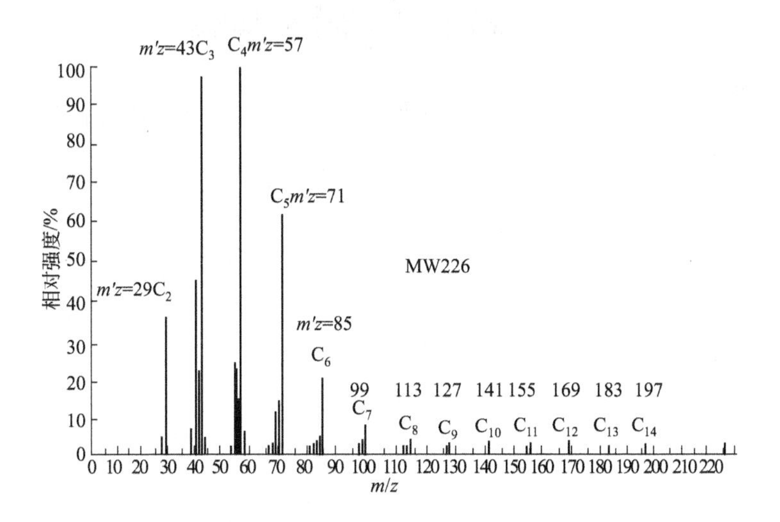

10. 某溴代烷类的质谱图，试解析该化合物结构。

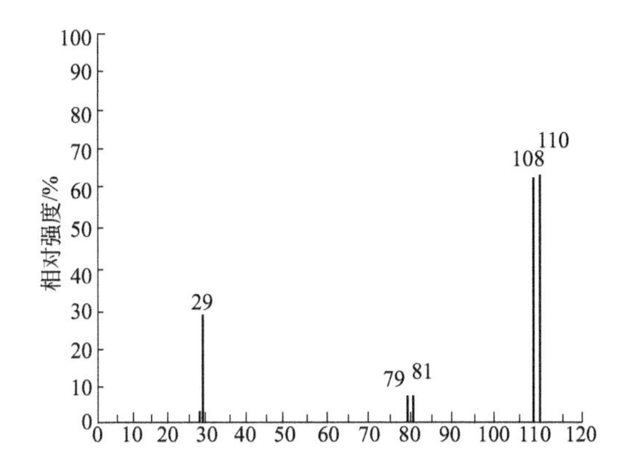

11. 某脂类化合物，其相对分子质量为 116，初步推断其可能结构为 A 或 B 或 C，MS 上 $m/z=57$（100%），$m/z=29$（57%），$m/z=43$（27%），试问该化合物为何？为什么？

A. $(CH_3)_2CHCOOC_2H_5$

B. $CH_3CH_2COOCH_2CH_2CH_3$

C. $CH_3CH_2CH_2COOCH_3$

12. 某脂其结构初步推测为 A 或 B，MS 上于 $m/z=74$（70%）处出一强峰，试确定其结构。

A. $CH_3CH_2CH_2COOCH_3$　　B. $(CH_3)_2CHCOOCH_3$

13. 在氯丁烷质谱中出现 $m/z=56$ 的峰，试说明该峰产生的机理。

14. 请确定下面质谱图是下列三种结构中的哪一种？

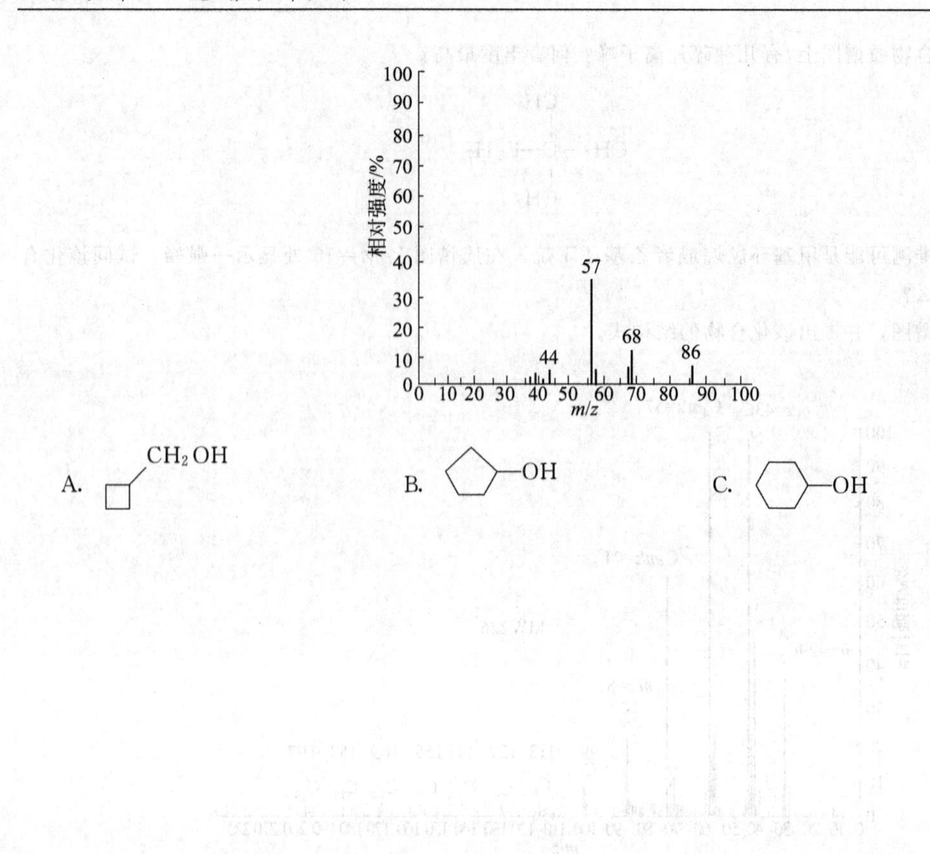
相对强度/%
m/z
57
68
44
86
A. CH₂OH
B. OH
C. OH

参 考 文 献

[1] 赵藻潘等. 仪器分析. 北京：高等教育出版社，1990.
[2] 北京大学化学系仪器分析教程组. 仪器分析教程. 北京：北京大学出版社，1997.
[3] 方惠群等. 仪器分析原理. 南京：南京大学出版社，1994.
[4] 赵文宽等. 仪器分析. 北京：高等教育出版社，2001.
[5] 黄一石，杨小林. 仪器分析. 第2版. 北京：化学工业出版社，2008.
[6] 朱明华. 仪器分析. 北京：高等教育出版社，2009.
[7] 韦进宝. 仪器分析. 北京：中国环境科学出版社，2008.
[8] 李发美. 分析化学. 北京：人民卫生出版社，2000.
[9] 方惠群，于俊生，史坚. 仪器分析. 北京：科学出版社，2005.